木结构

古建筑检测保护技术

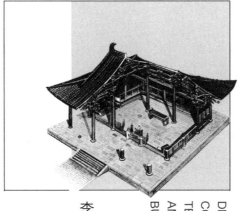

李 鑫 著

DETECTION AND
CONSERVATION
TECHONOLOGY FOR CHINESE
ANCIENT TIMBER STRUCTURAL
BUILDING

U0340555

中国建筑工业出版社

图书在版编目（CIP）数据

木结构古建筑检测保护技术/李鑫著. —北京：中国
建筑工业出版社，2017.10
ISBN 978-7-112-21104-3

Ⅰ.①木… Ⅱ.①李… Ⅲ.①木结构-古建筑-保护
-研究-中国 Ⅳ.①TU-092

中国版本图书馆 CIP 数据核字（2017）第 202240 号

责任编辑：李成成
责任校对：王宇枢　张　颖

木结构古建筑检测保护技术

李　鑫　著

*

中国建筑工业出版社出版、发行（北京海淀三里河路 9 号）
各地新华书店、建筑书店经销
北京佳捷真科技发展有限公司制版
北京云浩印刷有限责任公司印刷

*

开本：787×1092 毫米　1/16　印张：10½　字数：261 千字
2017 年 10 月第一版　2017 年 10 月第一次印刷
定价：**45.00** 元
ISBN 978-7-112-21104-3
（30656）

序

人类的大部分时间其实都是活动在人类自己建造的场所中，可见建筑的重要性。

建筑（build）作为动词，意指工程技术与建筑艺术的综合创作，它包括各种土木工程的建造活动。

建筑（building）作为名词，泛指一切建筑物（例如房屋等）和构筑物（例如栈道等）。

早在远古时代，人类为了遮风避雨和防备野兽等而挖洞筑巢，这是人类最原始的建筑。

进入文明社会后，建筑得到了不断的发展。因古代的建筑用材主要是天然的土、木、石等，故赢得了"土木建筑工程"的雅名。随着时代的发展和科技的进步，建筑也不断注入了新的内涵，其中建筑材料的变革、力学理论的完善和计算机的深入应用是最重要的推动力，逐步形成了现代的大建筑，包括若干分支行业，例如房屋建筑、水利水电建筑、交通建筑、风景园林建筑等。

无论在古代建筑还是现代建筑中，木结构均凭其显著的优点，例如易于就地取材、便于雕刻造型、比重相对较小、力学性能稳定等，而得到广泛应用。尤其是在古代建材可选种类较少，古建筑中木结构的应用还很广泛，并且许多古建筑主要是木结构的，被现代人称为木结构古建筑。

但由于多数木材也有其天生的致命弱点，例如材质年久退化、容易霉烂虫蛀、力学性能降低、几何尺寸变形等，常导致古建筑中的木构件出现不易预测的缺憾（不像钢筋混凝土等现代建材的性能可以预先设定制成），进而致使一些古建筑的使用受到影响，甚至寿命缩短等。故适时检测出古建筑木构件可能或已经出现的损伤，进而施以必要的保护措施，可有效地保护木结构古建筑，更是对人类古代文明的敬仰和呵护！基于此，《木结构古建筑检测保护技术》的面世，恰似雾霾中的一盏引路小灯不声不响地贡献着她的光明。

本书的作者多年从事建筑遗产保护与修复的理论教学和科研实践工作，终于集其数年的研究成果，墨点出极具诱人特点的佳作：

（1）立题古今融汇

本题目研究的检测保护对象是木结构古建筑，但研究的理论和方法主要是现代的，巧妙地进行了古今融汇，立题目标明确。

（2）视野中外结合

木结构古建筑是世界古代文明的瑰宝，值得全人类珍视、保护。中国是四大文明古国之一，我们的祖先给人类留下了无数独具东方特色的木结构古建筑。故本书首先放眼世界，宏观论述了国外木结构古建筑的研究及保护现状；接着，主要以中国的木结构古建筑为例，进行了系统的科学的研究。

（3）理论联系实际

本书立足于对木结构古建筑的检测，进行了历史的推测考证分析（例如建筑年代及树种选择等）及现代的理论分析（例如应力波技术的应用），列举了大量现场检测工程案例，其中绝大多数是全国重点文物保护单位的实践支撑，以得出科学实用的研究结果。

（4）结论科学实用

作者的视野融汇古今中外，采用理论联系实际的研究手段，应用多种先进的无损检测技术和数据分析方法，总结出了科学实用的木结构古建筑的检测保护方法理论体系，为古建筑的延年益寿提供了理论依据和实用方法。

作为本书作者的博士阶段导师，我推荐这本书，因为我也被本书鲜明的特点深深吸引住了，故愿与本书作者和同仁们一道，共同努力为保护人类古代文明之瑰宝——木结构古建筑贡献微力，争取取得期望的成果。

戴俭

2017.6.6 于北京

前　　言

　　木结构建筑是中国古代建筑的主体。由于木材的生物质特性和长期暴露于自然环境中的现状，使得古建筑中的木构件在使用过程中会面临材质性能降低和内部残损等风险。这些风险不仅会对古建筑的整体结构安全性构成隐患，而且还会使大量携带有原真历史信息的标本性构件快速消逝。因此，通过适宜、合理的检测勘查技术手段，尽可能真实准确地获取古建筑木构件的材质性能信息和残损信息，对评判其安全健康状况，实施预防性保护，进行科学、合理的修缮，构建保护信息数据平台等，都至关重要且十分迫切。

　　本书在分析论述以上现状及目前国内外相关研究成果的基础上，以古建筑中拆卸下来的旧木构件为主要研究对象，通过试验的方法，着重开展基于无损检测技术的、针对木构件材质性能与内部残损的、适宜的检测技术流程和数据统计方法研究。

　　首先，从宏观—中观—微观三个层面，即对木结构古建筑发展历程的研究（宏观层面）、对结构用木材特性的研究（中观层面）和对古建筑木构件残损类型及成因的研究（微观层面），分别探讨了中国木结构古建筑及其组成构件的相关基础理论知识。研究内容主要包括中国木结构古建筑的发展历程、组成部分，木构件的受力特点及材料要求，结构用木材的特性，中国木结构古建筑常用的木材树种勘查，影响木构件耐久性的若干因素以及木构件常见的残损缺陷形态等，从而对研究对象进行了深入的剖析。

　　进而，列举介绍了几种主要应用于木材的无损检测技术的工作原理及其主要设备类型，并通过设备优选试验，结合木材特性及现场检测要求，确定了以应力波检测技术和微钻阻力检测技术相结合的研究手段。

　　本书的主体试验通过两部分试验模型设计，分别研究了对古建筑木构件的材质性能和内部残损的检测技术：

　　（1）通过对清材试件分别进行无损检测和传统力学试验，建立了无损检测数据对应木材主要材质性能（木材密度、抗弯强度、抗弯弹性模量、顺纹抗压强度）之间的关联特征关系模型，并尝试运用不同的数据统计方法（线性回归模型、信息扩散模型）进行预测，以考察其预测的可行性和精度。在此基础上，研究了不同条件（木材年代、木材含水率、钻针速率）对无损检测数据的影响规律，分别建立了换算关系，以应对不同条件下的现场检测需求。

　　（2）通过逆向模拟试验，在旧木构件的截面中心位置人工挖凿不同面积比例的截面贯穿型孔洞和筛状孔洞，以模拟现实中空洞和腐朽的残损形态，对其进行应力波检测，考察应力波二维图像对其的识别精度，并对比真实挖凿面积和应力波检测面积，建立了二者的函数关系。进而，基于对应力波不同传播路径波速衰减规律的分析，尝试运用马氏（Mahalanobis）距离判别模型，对截面孔洞的面积比例进行判别。基于微钻阻力交叉进针的方法，通过对阻力曲线衰减段的分析计算，对应力波检测出的内部孔洞面积进行精确化修正。

　　最后，基于试验的研究成果，结合现场检测工作的实际情况，建立了木结构古建筑现场检测技术流程，包括检测范围和内容、抽样方法、检测手段的确定以及具体的现场操作流程，并以天坛长廊的检测工作为例详细介绍之。针对保护工作中数据的应用现状，开发架构了一套古建筑保护数字化信息平台系统，实现了古建筑信息数据（包括检测数据）的网络化应用；针对现场检测中遇见的操作难题，研发了一种专门用于微钻阻力仪现场检测的支架装置，尝试解决了测量误差较大、人力疲劳和无法有效固定的问题。

总之，中国木结构古建筑的保护与修缮工作任重而道远。建筑遗产不可再生，也不可复制，因此，保护技术应是经过充分验证的，随着科技的发展，未来一定还会出现许多新的检测技术和检测手段，如何在充分贯彻保护原则的基础上，将这些技术和手段良好运用到保护工作中去，使之与传统保护工艺有机地结合，更好地为保护工作提供支撑，是对保护工作者提出的新要求。此外，鉴于保护工作的复杂性，新的学科交叉成果为保护工作提供了施展拳脚的巨大舞台，包括建筑学、土木工程、木材学、考古学、统计学、管理学、仪器科学与工程等，一个多学科交叉的保护团队工作模式，是未来保护工作可持续发展所必不可缺的。

目　　录

第1章 绪 论

1.1 对木结构古建筑的初步探讨

1.1.1 木结构古建筑在中国建筑遗产中的地位

中国历史悠久、地域辽阔，不同的地质、地貌、水文、气候条件孕育了不同的历史背景、文化传统和生活习惯，在此背景下，形成了独具东方特色的建筑形式。在中国的建筑历史中，使用面最广和数量最多的建筑类型非木结构体系建筑莫属。无论是中原地区、长江中下游地区，还是大量的满、回、朝鲜等少数民族聚居区，木结构建筑皆有广泛的分布。木结构是中国古代宫殿、坛庙、陵墓、佛寺、民居等主要采用的建筑形式。[1] 据统计，中国现存约1100处在册保护性历史建筑，这其中超过一半都是木结构建筑。[2] 未进入保护性建筑行列，但同样保留着大量历史信息的木结构古建筑，更是广泛分布，大量存在，有研究数据表明，木结构古建筑约占中国现存古建筑总量的70%左右。

采用木结构体系也是中国古代建筑与西方砖石结构体系历史建筑的最大区别。西方砖石结构体系中，砖石构件既是承重构件，也是围护构件。中国木结构古建筑的特点是以木材作为房屋的主要承重构架，于夯土地基上起立柱，于柱网之上逐层架设横向梁枋，再于梁枋之上铺设屋架，从而形成整个承重体系，可谓是"框架式结构"最早的典范。该结构体系中，承重结构与围护结构相互独立，各自发挥作用，各构件间多采用榫卯连接，即呈"半铰接"状态的柔性连接，富有韧性，所以具备通常所说的"墙倒屋不塌"的特点。[3]

木结构建筑具有如下优点：

（1）取材方便，施工便利

中国地处北半球温带和亚热带季风地区，四季分明、气候湿润，故在历史上，即使是黄河流域，也曾林木茂盛，可供采伐用于建造施工的木材原材料充足，加之木材独特的质地和形状，使其比其他传统建筑材料易于加工。砍伐、加工原木显然要比开山取石、制坯烧砖方便许多，木雕刻要比砖石雕刻更加省时省力，用木材做立柱和梁枋等显然也要比垒砖砌柱便利许多。例如意大利佛罗伦萨大教堂（Florence Cathedral）从1420年开始兴建，直至1470年方才完工，其中穹顶的施工就历时11年之久；而建于同时期的北京紫禁城（Forbidden City），总建筑面积为16万 m²，房间近千间，1407年始建，1420年完工，其建造只用了13年。由此可见木结构体系在施工速度上的巨大优势。加之唐宋以后，在构件尺寸上多采用模数制（宋采用"材"，清采用"斗口"），使得构件式样定型化，便于批量化加工和流水化施工，可谓是"装配式建筑"的最早典范（图1-1）。

图 1-1　中国木结构古建筑示例

（2）抗震性能优越

木结构体系中各构件的连接组合多采用榫卯连接，加之木材本身的材质特性，从而形成了"半柔性结构"的特点，在外力作用下较容易变形，但在一定程度上又有恢复变形的能力，在地震力作用下，使木构架整体具有很大的削减地震力破坏潜力。例如山西省应县佛宫寺塔，建于辽清宁二年（1056 年），距今已有近千年的历史，经历了多次大地震的洗礼，但依然保存完好，巍然屹立，有力地证明了木结构体系优异的抗震性能。

（3）便于修缮和搬迁

如前文所述，中国木结构古建筑具有"装配式、构件化"的特性，且榫卯节点本身就具有可拆卸性，因此替换某个构件或将整个建筑拆卸后搬迁，都是比较容易做到的，这也为古建筑的易地保护提供了可能性。虽然将古建筑拆卸后易地重建的模式在保护理念上的合理性尚值得商榷，但在一定的客观条件下，该方法在拯救濒危的古建筑、传承传统工艺和资源整合等方面还是具有一定优势和可操作性的。

1.1.2　木结构古建筑的价值分析

中国木结构古建筑建造风格灵活多样，布局合理，造型舒展，体量比例适宜，装饰装修精巧，具有极高的保护价值，通常把这些价值分为科学价值、艺术价值和文化价值。具体归纳来看，这些价值在古建筑上往往是通过两方面体现出来的，包括当年建造者的构建表述和数百年存续期间的历史积淀。构建表述反映了古建筑所展现的传统价值观、审美观和造型特色，是古建筑价值的内核；而历史积淀则表达了古建筑在数百乃至近千年的存在期间其身上留下的所有印记。它们共同构成了古建筑的历史沧桑感，是古建筑价值的时间标尺。因此，只有掌握了古建筑所蕴藏的物质形态特征和历史文化意义，才能从两个层面来共同界定古建筑的价值所在。

1.1.2.1　物质形态层面的价值

古建筑的各类价值在该层面体现得最为直接，而在保护修复工作中一般也是最先关注到该层面的价值，它是古建筑保护的基础。这类价值的信息不仅体现在建筑本体的形制、材料、装饰和施工工艺等方面，还体现在建筑存在期间所留下的所有印记上。这些印记可能是人为的，也可能是自然的，可能是被修复的，也可能是被破坏的。如果建筑本体都不复存在了，那么其他的一切皆无从谈起。

1.1.2.2　历史文化层面的价值

该层面体现的是古建筑对信息真实性的保留，这些信息包括古建筑本体及其所处的周边环境所保留的历史信息、社会信息、文化信息等。从对大量现存古建筑的分析来看，中国木结构古建筑无论在体量、造型上，还是做法、工艺上，抑或是功能空间布局上，都表现出一脉相承的传承性和一致性，这不仅是中国古典建筑审美观的体现，也是中国古代哲学思想的现实表达。很多古建筑不仅是建筑材料的堆砌，更是一个聚落、一个地区乃至一个城市的精神支柱和情感寄托。这些历史文化意义层面的价值，注定了在修复建筑本体的同时，更应该去关注历史文化对建筑内涵的强大的精神统治作用。对古建筑历史文化价值的保护，正是中国古建筑特征和价值的重要体现。

因此，在具体的保护工作中，只有正确处理好两个层面价值的关系，在全面勘查调研建筑实体现状的同时，梳理蕴含于其中的传统建筑审美观和价值观，才能抓住保护的重点，更加完整地保护与保留古建筑的各种信息与价值。保护古建筑不仅是保护建筑本体本身，更重要的是将其所蕴含的时代记忆与历史价值一同留存下来。[4~6]

1.1.3　保护修复过程中存在的缺憾

众所周知，中国有着五千年的灿烂文明史，是四大文明古国之一。在中国现存历史最久远的木结构古建筑始建于唐代，距今约 1200 年，且也只有凤毛麟角的稀疏分布。如山西五台山南禅寺（图 1-2），始建于唐建中三年（782 年）。现存的木结构古建筑多建于宋代以后，以明清时代居多。同样为四大文明古国的古埃及和古希腊，其各自留存下来的历

图 1-2　五台山南禅寺

（图片来源：http://baike.baidu.com）

史建筑遗迹，如金字塔和雅典卫城，皆有着更为久远的历史。

究其原因，既有木质材料在自然环境中易腐坏损毁的客观因素存在，也有东方建筑思想中对古建筑保护的实际追求。包括中国在内的东方木结构古建筑在世界建筑体系中自成流派，无论是建造思想还是实体形象都与西方历史建筑大相径庭，因此，在保护修复过程中，既有保护观念上的不同，也有保护手段上的不同。1994 年世界遗产委员会在日本奈良会议上形成的《奈良真实性文件》（"The Nara Document on Authenticity，1994"，又称《奈良宣言》）中，针对东方木结构古建筑，对文化的多样性和遗产的价值与原真性进行了重新定义，拓展了原真性的概念范围，明确了"原真性"应该是文化遗产在所有形式和任何历史阶段中，其价值信息的真实可靠，最大限度地尊重了文化差异，显示了对所有文化的尊重。因此它被看作是对《威尼斯宪章》仅以西方单一文化背景为理论指导而产生普适性不足的问题的修正和拓展。

1.1.3.1 保护观念的缺憾

从保护观念上看，梁思成先生在其所著《中国建筑史》一书中曾提到："中国建筑有不求原物长存之观念"，这固然受限于中国古建筑常采用木质结构而缺乏耐久性的特点，但更重要的深层次原因是中国传统哲学中"不着意于原物长存之观念"。[7] 这种视物质生命为自然更迭常态的观念，直接决定了中国古建筑的修缮过程中，对原真性的体现不及西方建筑那样强烈与明显。加之中国传统上有"改朝换代，改天换地"的思想观念，无论是朝代更迭还是日常维护，往往要么是修茸一新，要么是付之一炬，因此，历代对于木结构古建筑的保护修复常存在以下特征[8-9]：

（1）对构件更换新料较多，对原始构件的保留和信息挖掘尚未形成公认的保护理念。构件更换的准则大多是基于经验判断，因此造成了大量仅表面存在一定残损，材质性能并未降低，但保留着丰富历史信息的原始构件被草率地更换（图 1-3）。此外，更换下来的旧构件也未得到充分的研究和处理，往往是任意丢弃，甚至被附近村民作为薪柴烧掉，使得大量珍贵的历史构件都不复存在（图 1-4）。

图 1-3　利用新旧构件组合修复后的古建筑　　　　图 1-4　被任意丢弃的旧木构件
　　　　（安徽黄山钓雪堂）　　　　　　　　　　　　　　（山西长治观音堂）

（2）除少量珍贵的早期构件的彩画外，大量的构件在修缮过程中进行了重新油漆和重绘，使得无论新旧构件，从外观上都看不出太大区别，直接造成了对构件信息的遮盖（图1-5）。

（3）受历代"风格式修复"❶的影响[10]，许多现存的古建筑只是不同时期修复结果的混合体，在历代的修缮过程中构件添加较多见，且大多缺乏详尽的文字记录（图 1-6）。

图 1-5　新绘彩画对木构件的遮盖　　　　图 1-6　后期修缮中被添加上的支撑构件
　　　　　（北京潭柘寺）　　　　　　　　　　　　　（山西长治成汤王庙）

1.1.3.2　保护手段的缺陷

从保护手段上看，中国木结构古建筑的保护和修缮工作仍沿用工匠世代传承的一套传统的木结构修缮技艺。这套技艺的一般手法是采用目视和敲击的方式对构件的开裂、空鼓、糟朽等残损进行判断，以墩接、挖补楔塞、木夹板、铁件夹具等形式对旧木构件进行修复和补强，使用打牮扶正和落架扶正等方法对整体结构歪闪进行纠正，使用拉杆和底部支顶等方法对受力薄弱点和梁体挠度等进行附加性支撑，如果木构件实在无法继续使用则进行抽换。[11]这其中普遍存在"病因不明"和"药不对症"的问题，而基于此情况，还会进一步出现很多"不当修复"和"过度修复"的现象（图 1-7）。这些问题的出现，使得修复的结果不但达不到修复的初衷，反而还可能会给既有建筑造成新的破坏。这种破坏无论是在建筑整体结构形制上，还是构件个体价值存留上，都会对建筑遗产造成不可挽回的伤害与损失。尤其是在未经有效检测和评估的基础上对古建筑木构件的拆解和更替，使得大量重要的历史信息快速丧失。

图 1-7　被简单草率修复的木构件（山西长治观音堂）

---

❶　19 世纪上半叶兴起于法国的一种历史建筑保护思潮。主张抛弃"最小干预"的保守式修复理念，基于当下的审美观、价值观和技术条件，对历史建筑进行"完全修复"。笔者认为，中国古建筑的历代修复状况，也是此思想的鲜明体现。

1.1.4 检测勘查工作在保护修复中的重要性

1.1.4.1 检测勘查工作的任务

古建筑保护与修复工程，主要目标就是保存原有建筑构件，修复有残损缺陷的、有安全隐患的部位，以此来保持古建筑的原真性和生命力。古建筑是文化和历史的载体，因此，在保护修复过程中，应使其所承载的丰富的历史文化信息得以保留下来，而不是轻易地抹杀掉或扭曲之。如何判断古建筑中诸多的信息，如何准确把握承载这些信息的载体现状，这就需要进行检测勘查工作。

针对木结构古建筑的检测勘查工作，其主要任务就是搜集以下关键信息：

被测古建筑的年代信息（包括初建和历次改扩建）；

被测古建筑的结构体系信息；

被测古建筑中各类构件的残损缺陷信息及其成因；

被测古建筑的构件的材料成分及其材质性能信息；

被测古建筑的施工工艺。

然后，基于检测勘查工作的评估结论，为下一步古建筑的修缮与改造方案设计提供数据支撑和建议设想，如残损构件是否需要更换，后期添加构件是否需要拆除，建筑使用功能是否需要调整等。其工作流程如图 1-8 所示。

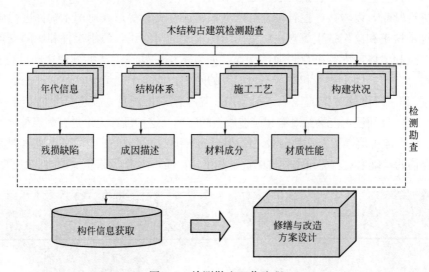

图 1-8　检测勘查工作流程

1.1.4.2 现存的工作误区

在大量的古建筑保护与修复工作中，常见的工作误区是：完成了历史和现状调研、照片汇编和建筑测绘等前期调研工作后，就自认为已经对修缮对象有了全面的了解，可以进入下一步的具体修缮施工阶段了。甚至有些修缮工程直接跳过了检测勘查这一步骤，看似是节省了前期评估的时间，其实往往欲速则不达，在施工阶段出现一些本可预测和避免的问题，反而延误了工期并增加了额外的成本。因此，对古建筑进行全面细致的检测勘查，是前期调研中的关键环节，如果缺失了这一环节，或者这一环节的工作未做到位，将无法准确判断修缮对象的"症状"和"病因"，更妄提对症下药了。

1.1.4.3　检测勘查工作的地位

一座古建筑的历史通常包括其建筑史、使用历史和老化的历史。这些历史信息通常蕴含在古建筑本体的各个构件之中，有些是显性的，存于表面，通过观察即可辨识，而有些则是隐性的，隐藏于表面之下，对于这些信息的获取，需要通过检测勘查手段来完成。

检测、评估、修缮是木结构古建筑保护工程链上的三个主体关键环节，而这其中，检测勘查是最基础性的环节。针对古建筑的检测勘查工作，可以帮助修缮者准确把握古建筑在整体结构、材料性能、构件缺陷等方面的现状信息，为后期的评估和修缮工作提供重要的基础性数据支撑和评判依据。

庄子曾云："一受其成形，不亡以待尽。"建筑和生物一样，也是有一定生命周期的，建成后随即逐步走向衰退，而古建筑保护与修复的目的就是去除一切影响和破坏古建筑继续生存的因素，以延缓建筑的衰退。这就如同医生为病人看病和治疗的过程，"术前体检"是现代医学惯用的做法，手术之前的全身体检可以帮助医生全面准确地掌握病人的各项身体指标，从而为下一步制定更为合理的治疗方案提供依据。因此，如果将历史现状调研、照片汇编和建筑测绘比作是医生通过"望闻问切"逐步了解病人病情的过程，那么，针对古建筑而言，检测勘查工作就是对它的"体检"和"确诊"。[12-14]

意大利文艺复兴时期的著名建筑师、文物研究者莱昂·巴蒂斯塔·阿尔伯蒂（Leon Battista Alberti）在其所著的《论建筑》（*De re aedificatoria*）一书中也指出，建筑师有责任去充分了解与把握引发建筑物缺陷的原因，他也把这个过程比喻为医生对病人的诊断救治。他认为建筑缺陷可能是由外部因素导致的，也可能是由建筑物自身的因素引起的，而后者应是建筑师负责的范畴。同时，他还认为，作为自然的一部分，再坚固的材料也会面临缓慢劣化的过程，更不用提各类灾害的摧毁了。同时，他也对不合格的修缮者十分愤慨，反对未经前期调研勘查就草率施工的修缮工程，他建议建筑师仔细调研勘查优秀的历史建筑，绘制测量图，检查构件比例并制作模型。由此可见阿尔伯蒂对历史建筑前期调研勘查工作的重视。

1.1.5　现有相关规范评述

1992 年，由当时的国家技术监督局、建设部联合组织国内专家研究编制的《古建筑木结构维护与加固技术规范》GB50165-1992 是迄今为止唯一一部涉及木结构古建筑勘查检测、评估鉴定、维修加固及工程验收全过程的技术规范（后文简称《规范》）。依目前状况来看，所有关于木结构古建筑的保护修复工作，都应是在此《规范》的框架下执行的。

1.1.5.1　《规范》的制定背景

1982 年 11 月，为了顺应改革开放新形势下对文物保护的新要求，国务院颁布了我国历史上第一部《文物保护法》，用立法的形式规定了各类具有历史价值、艺术价值、科学价值的古遗址、古建筑、石窟石刻等受到国家的保护，规定了保护的原则，并明确了文物保护单位的审批管理的权限，为我国科学合理地保护历史文化遗产提供了法律依据。

为了良好地贯彻落实《文物保护法》，使各地现存的古建筑在保护与维修方面有一个可以统一执行的国家标准，从而得到更加科学合理、正确适宜的保护与修复，1984 年，国家有关部门开始了古建筑维护和加工规范的编制工作，历时 7 年，于 1991 年完成编写工作，翌年发布，1993 年 5 月 1 日起施行。针对当时中国古建筑的状况，《规范》主要从工程勘察要求、结构可靠性鉴定与抗震鉴定、古建筑的防护、木结构的维修、相关工程维修和工程验收等若干方面，规定了木结构古建筑保护维修的常用评判依据和技术操作流程等。

1.1.5.2 《规范》期望解决的问题

面对当时中国古建筑保护和修复方面存在的诸多亟待解决的问题，《规范》在进行了大量现场考察、模拟试验和专家论证之后，确定主要从以下几个方面解决所面临的问题：

（1）规定了"不改变文物原状"的保护修复原则

这里的"原状"是指"古建筑个体或群体中一切有历史意义的遗存现状"。还规定了修复中只有在确需恢复到创建时的原状或恢复到一定历史时期的原状时，才能有限度地介入，而且必须事先做好充分的历史考证和可靠的技术论证。这不仅是对《文物保护法》的解释说明，也是将《威尼斯宪章》与中国木结构古建筑保护实际现状相结合的一个例证，贯彻了《威尼斯宪章》的精神。

《规范》中规定，在维修古建筑时，应保存以下内容：

原来的建筑形制，包括原来建筑的平面布局、造型、法式特征和艺术风格等。

原来的建筑结构。

原来的建筑材料。

原来的工艺技术。

（2）规范了工程介入强度

针对我国木结构古建筑保护修缮工程中多凭工匠经验，缺乏科学技术指导，各地也缺乏统一的工程执行标准的问题，《规范》规定了古建筑维护和加固工程在不同介入强度下的工作内容，包括：

经常性的保养工作、重点维修工程、局部复原工程、迁建工程、抢险性工程。

（3）首次提出了"残损点"的概念

《规范》借鉴了《危险房屋鉴定标准》JGJ125-1999 中"以点带面，由小及大"的思路，但并没有照搬其"危险点"的用词，而是结合木结构古建筑在结构和构件材性上的特殊性，采用了"残损点"的概念。"残损点"是指"承重体系中的某一构件、节点或部位已经处于不能正常受力、不能正常使用或濒临破坏的状态"。基于此概念，进一步确立了以"残损点"评估为基础的结构可靠性鉴定体系，该体系要求"根据承重结构中出现残损点的数量、分布、恶化程度及对结构局部或整体可能造成的破坏和后果进行评估"，从而将复杂问题分解化，使之成为可以用现代方法处理的多个分项，对各分项的评估鉴定结果进行累加综合，就可形成对建筑整体的总评价，从而解决木结构古建筑的技术鉴定问题。

《规范》对各类木构件的不同残损类型皆规定了残损点的评价标准，作为残损点的评定依据。《规范》还依据残损点对整体结构可靠性的影响程度，将古建筑分为四类：

Ⅰ类建筑：承重结构中原有残损点皆已得到正确的处理，并且尚未发现新的残损点或残损征兆。

Ⅱ类建筑：承重结构中原来已经得到修复处理的残损点，有个别的需要进行再处理，新发现的残损点需要进一步观察和处理，但总体不影响建筑结构的整体安全性。

Ⅲ类建筑：承重结构中关键部位出现残损点或其残损的组合效应已影响到结构的整体安全性，使建筑无法正常使用，需要采取加固和修理措施。

Ⅳ类建筑：承重结构整体或局部已经处于危险状态，随时可能发生倒塌意外，必须立即采取抢救修复措施。

（4）明确了检测勘查工作的必要性

以往在古建筑的保护修复工程中，检测勘查工作往往被忽视甚至忽略。《规范》加入了检测勘查工作的相关条款，规定"在维修古建筑前，应对其现状进行认真的勘查"，具体勘查内容包括古建筑的有关基础背景资料、建筑物残损情况、测绘图纸、照片和必要的文字说明等。

《规范》规定，木结构古建筑的检测勘查工作分为"法式勘查"和"残损情况勘查"两部分。法式勘查的工作内容包括建筑物的时代特征、造型特征、结构构造特征等；残损情况勘查的工作内容包括结构构件（尤其是承重构件）的损毁情况、残损程度及成因等。

《规范》还规定了检测勘查工作中所使用的仪器设备应能满足的要求，严禁使用温度骤变、强光照射、强振动等损伤古建筑及其附属文物的检测勘查手段。

（5）古建筑防护体系的建立

《规范》基于相对长期的保护目标，建立了针对木结构古建筑的全面防护技术体系，包括构件的防腐和防虫、防火、防雷、除草、抗震加固等方面。该套体系的形成，可以看作是基于木结构古建筑的特殊性，对现行相关规范的补充和拓展，包括《建筑设计防火规范》GB50016-2014、《建筑物防雷设计规范》GB50057-2010、《建筑抗震设计规范》GB50011-2010（2016年版）、《建筑抗震鉴定标准》GB50023-2009、《建筑抗震加固技术规程》JGJ116-2009等，填补了这些规范在古建筑应用领域的空白。[15-16]

1.1.5.3 《规范》存在的局限与不足

《规范》颁布实施已有二十余年，在某种程度上显然已经不能适应当今时代下木结构古建筑的保护修复现状。在技术日新月异的今天，新的检测勘查手段、新的加固修复方法、新的防护补强材料的出现，都直接挑战了《规范》中一些固有的手段、方法、规程的合理性和适用度，使之在大量不同的保护修复实践中，可能会遇到新的情况、新的问题。这就需要当今的保护工作者跳出《规范》的制约，对《规范》提出合理质疑，找出《规范》在内容和管理实施方面的局限与不足，从而促进工作的发展。

本文认为，《规范》在新时代条件下，在具体操作层面存在以下需改进之处：

（1）谁来贯彻执行和解释说明

通常情况下，关于现代建筑的工程建设规范和国家标准等，都是由建设管理部门和工程建设部门来贯彻执行和解释说明的。鉴于大量现存木结构古建筑都是文物保护建筑这一特殊性，文物管理部门在《规范》的贯彻执行和解释说明等方面也应具有一定的发言权和权威性。而现实情况是，《规范》无论是从编制单位的组成还是编制内容来看，都有着浓郁的"工程建设"色彩，而缺乏对古建筑作为文化遗产的人文关怀。

（2）对残损点定量化判别

虽然《规范》中规定了残损点的检测勘查分类及基本框架，但对于获得残损点的物理形态信息、材质性能变化状况的方法和技术标准等均缺乏明确的论述和规定。目前的情况是，多数古建筑的检测勘查工作仍然依赖于检测者的经验和主观判断，以至于在后期的安全评价和评估中，可能会因为缺乏具有可信度的数据信息支持而无法实施。这也是以检测勘查和评估为基础的《规范》无法推广应用的主要原因。

（3）新技术的应用普及问题

近些年来，在木构件的检测勘查方面，各类无损检测技术等新技术手段的应用方兴未艾[17-18]；在木构件的加固补强方面，碳纤维加固技术的运用也使得残损构件的原真性价值能够得到最大程度的保留[19-21]。这些新技术的发展，显然是《规范》在编制的年代所未曾遇到的。

1.2 研究的原则及思路

罗哲文先生曾说[22]：中国木结构建筑具有鲜明的特色，这些特色不仅体现在建筑形态和材料上，还体现在自然环境和历史文化所赋予建筑的独特风格和气质上。因此，对它的保护和修缮工作，也必然要基于它的这些特色和气质来进行。随着科学技术的发展，新技术和新材料的运用是大势所趋，在使用这些新技术、新材料的时候，应遵循"四保存"的原则，即保存原结构、原形制、原工艺和原材料。

本文认为，针对中国木结构古建筑保护中的检测勘查工作，应是在"预防性保护"的理论框架下开展的。保护工作的原则思路应是：

强调"灾前预防胜于灾后修复，日常维护优于大兴土木"，以预防为主的工作方式。

强调前期调研工作和检测勘查工作的重要性及其对后期评估和修缮工作的指导意义。

强调适宜的检测勘查手段可以为木结构古建筑的预防性保护提供有力的数据支撑和评判依据。

1.2.1 预防性保护的概念

预防性保护（Preventive Conservation）的概念源于博物馆藏品保护领域，于 1930 年在意大利罗马召开的第一届艺术品检查和保护科学方法研究的国际会议中被首次提出，而应用于建筑遗产保护领域，则是 20 世纪 90 年代末了。[23] 预防性保护是当今建筑文化遗产保护领域的一种保护思路，主张建筑遗产的保护应通过日常勘查维护与修缮前全面勘查调研相结合，并以日常勘查维护为主的方式进行，把工作重心向前平移，而不是平时不管，等到即将倒塌前方才进行"抢救性修缮"（图 1-9）。[24] 强调通过定期检测、科学记录和日常维护相结合的手段开展工作，采用风险评估和科学监测的方法控制并把握损毁现状、成因、趋势等信息，从而为保护方法的调整和修缮方案的制定提供依据。预防性保护被认为是在破坏真实发生之前，就通过联合技术手段准确判断和控制其衰退过程的一种工作方法。[25-26]

1.2.2 预防性保护在中国古建筑保护中的运用

"预防性保护"虽然是一个外来词汇，且提出仅数十年的时间，但是其强调日常维护的重要性的核心理念，却与中国古代建造活动中提出的"防微杜渐"式的日常修缮与维护方法不谋而合，有着异曲同工之妙。尤其是在官式建筑中，定期维护被作为条例而严格执行，如《大清会典·内务府》卷九十四中提到的"保固年限"，就具体规定了建筑物中不同构件的定期保养维修年限。[27] 文中提到：

图 1-9　即将垮塌，亟待修缮的古建筑（山西晋城古中庙）

"宫殿内岁修工程，均限保固三年；新建工程，并拆修大木重新盖造者，保固十年；挑换椽望，揭瓦头停者，保固五年；新筑地基，成砌石砖墙垣者，保固十年；不动地基，照依旧式成筑者，保固五年；修补拆砌者，保固三年；新筑地基，成砌三合土者，保固十年；不动地基，照依旧式成筑者，保固五年；新筑常例灰土墙，保固三年；夹陇提节并筑素土墙者，均不在保固之例；如限内倾圮者，监修官赔修。"❶

此外，在民间也有一套以当地工匠沿街叫卖形式存在的修房服务体系，在每年梅雨季节和冬季来临前，提供修补腐朽屋椽、更换破损瓦片等一系列房屋维修服务，民间称作"捉漏"。[28] 由此可见，"预防性保护"的精髓已经或多或少地融合到中国古建筑保护修复体系中去了，并对木结构古建筑的保护起到了很重要的作用。

1.2.3　基于预防性保护的检测勘查思路

1.2.3.1　工作执行思路

预防性保护理论中将检测勘查工作提高到了一个相当高的重视程度，强调建筑遗产保护的工作重点应从单纯依赖于损毁后的被动修缮转变为日常勘查与监测相结合的主动保护管理，以检测勘查工作中形成的数据积累和分析调查作为依托，确立科学的保护方法和技术。

所有可以减轻甚至消除古建筑从单体构件到整体结构中各类残损的措施、手段，都可以被归入预防性保护的范畴。其具体的操作手段包括完整、深入的检测、记录、监测以及最小干预程度的维护等，有时还应包括为防止残损进一步发展而采取的应急措施。通常情况下，所有这些措施、手段，都需要传统工艺和现代技术的介入，方能成功实施。

1.2.3.2　工作执行手段

欲达到此目的，应采取的手段的是：通过对结构整体和单体构件等进行准确的检测勘查，提供基础性数据和图像等资料，并基于此对数据进行挖掘、分析评估和归纳统计，从

---

❶ 《大清会典》又称《五朝会典》，是清康熙、雍正、乾隆、嘉庆、光绪五朝所修会典的统称，是记述清朝典章制度的官修史书。

而对古建筑的各方面价值与存在的问题有一个全面深入的把握，为下一步的日常管理工作，或未来的修复保护工作奠定基础，提供依据。此外，对古建筑木构件可靠性的准确检测和评估，也是其再利用过程中进行使用功能定位的重要参考要素。[29]

因此，在"预防性保护"框架指导下的木结构古建筑检测勘查工作，大体分为以下五个步骤开展[30]：

（1）检测勘查技术及设备的选择

在检测勘查工作开展之前，应综合考虑现场工作条件、数据的准确性、对残损的敏感程度、设备的便携性、检测的安全性、对构件的破坏程度、结果的可视化等多方面因素，统筹权衡，选择适宜的检测技术手段和设备。例如X射线荧光仪，因辐射的原因，就不适用于人口密集区的古建筑检测勘查作业。

（2）残损位置的确定

木构件的残损基本可分为表面残损、内部残损和两者皆有之。表面残损可以通过目测、敲击等传统手段确定；而内部残损位置的确定，就需要利用传统经验检测和现代技术相结合的手段来完成，如无损检测技术。举例来说，白蚁蚁蛀腐朽是木构件常见的残损类型，一般情况下，有内部蚁蛀的构件即使已经到了丧失力学强度的地步，其表面也可能没有明显的迹象，这时，有经验的专家或工匠可以通过传统手段大致确定是否存在截面内空的情况，但要具体确定残损空洞面积等精确信息的话，就需要借助现代检测技术手段的介入了。

（3）残损原因的确定

基于检测过程中所获取的采样、数据和图像等资料，进一步确定其残损原因。这一环节既是检测勘查工作的重点，也是难点。因为只有了解了构件的残损原因，才能为下一步的保护修复工作提供明确的方向，如果在未确定残损原因的情况下就草率地进行修复，可能会导致不当修复的发生，这样非但不能对构件起到保护的作用，可能还会造成不必要的损伤。

确定残损原因的环节，既是一个数据分析挖掘的过程，也是一个经验推导验证的过程。换言之，传统检测手段和现代技术检测手段在该环节皆有"用武之地"，两者的互补结合，才是提高准确性的有效手段。举例来说，木构件的天然内部空洞和蚁蛀空洞，用无损检测手段只能检测出其形态，却无法确定其成因，这时只能通过人工取样分析的方法来确认。

（4）评估残损构件的剩余强度

在检测勘查阶段就精确计算出构件的剩余强度值是不现实的，因此，在该阶段的工作重点是：基于检测数据，对残损构件的剩余强度进行一个初步的评估，可设置一个风险管理的预警阈值，为后期修复的优先度筛选工作提供一定的考量依据。例如可以利用检测所得到的残损面积数据，推导出构件的有效截面降低比例，15%是目前普遍被使用的预警阈值。如果检测结果小于该值，则认为构件损毁风险低，修复优先度低；如果检测结果大于该值，则认为构件损毁风险高，修复优先度高。

（5）评估修复的必要性

在残损构件的残损原因被确定及剩余强度被初步评估后，检测勘查工作就需要对以下若干问题提出进一步的评估意见和参考依据：

1）残损构件是否有继续损毁的趋势。

2）残损构件现状是否能够继续保持使用状态。

3）如需干预，是否需要修复补强手段的介入（如墩接、挖补、灌浆、碳纤维加固等）手段。

4）如损毁太严重，构件已无法正常使用，是否需要更换构件（需综合考虑建筑物安全、构件价值、工程费用、工期等因素）。

综上所述，在"预防性保护"的整体思路原则下，无论是日常的维护管理，还是修缮工程前的调研评估，检测勘查工作的成果都是保护修复策略和修缮方案制定的依据之一，其重要性不言而喻。检测勘查工作的操作执行与统计分析，是一个繁杂的工作体系，这就需要有针对于此的专业细致的专门化研究。

1.3　相关核心概念的限定

在涉及历史建筑保护的相关研究中，常出现一系列的专有指代名词，这些专有名词，有的是流传下来的约定俗成的习惯用语，有的则是引入或翻译国际相关体系中的新创词汇。针对这些专有指代名词，其各自所界定的对象范围目前缺乏严格的规范，也缺少一个能够得到广泛认可的统一认识。例如在很多相关研究中经常出现的"历史建筑"、"古建筑"、"建筑遗产"、"文物建筑"等专有指代名词，有时概念之间甚至还会存在很多指代范围上的重合。因此，为避免造成歧义和限定研究对象的范围，本文特对保护领域几个主要的专有名词进行简要释义。

（1）古迹

古迹（Historic Monument）一词，是《威尼斯宪章》中对保护对象的统一称谓，贯穿始末，因此也可认为它是对保护对象范围的界定。宪章中给予的定义是：古迹不仅包括某一个建筑单体，通常也包括能体现或见证某一特定文明、某一重要发展时期或某一重要历史事件的城市或乡村环境。这一界定不仅适用于伟大的遗迹，也适用于那些随着时光的流逝而逐渐显现其文化意义的普通遗迹。虽然被保护和关注的对象仍然不可避免地聚焦在建筑物上，甚至还经常与"建筑遗迹"的概念混为一谈，但是《威尼斯宪章》中"古迹"的概念已经得到了延伸和拓展，把城市和乡村的历史地区也纳入了文物古迹的范畴之内，强调了对历史真实性和完整性的尊重。

《中国文物古迹保护准则》中规定，该准则适用的对象统称为文物古迹，是人类在历史上创造的或人类活动遗留的具有价值的不可移动的实物遗存，包括地面与地下的古文化遗址、古墓葬、古建筑、石窟寺、石刻、近现代史迹及纪念建筑、国家公布应予保护的历史文化街区（村镇）以及其中原有的附属文物。

（2）建筑遗产

建筑遗产属于文化遗产的范畴。"文化遗产"一词在 1972 年联合国教科文组织（UNESCO）的《保护世界文化和自然遗产公约》中给予了定义，规定以下各类可称为文化遗产：①文物：基于历史、艺术或科学的视角，蕴含突出普遍价值的建筑物、雕刻和绘画，具有考古价值的构件、结构体系、铭文雕刻、穴居及各类文物的组合体；②建筑群：基于历史、艺术或科学的视角，在建筑形式、风貌统一性及与周边环境景观的结合方面，蕴含突出普遍价值的建筑单体或相互关联的建筑群体；③遗址：基于历史、艺术、人种学或人类学的视角，蕴含突出普遍价值的人造工程或自然与人造结合的工程。[31]

建筑遗产的概念在 1975 年欧洲建筑遗产大会上发布的《阿姆斯特丹宣言》中给予了定义，它规定建筑遗产不仅包括具有显著价值的单体建筑物及其环境，还包括所有具有历史和文化价值的城镇和村庄。因此可以看出，建筑遗产就是物态的和不可移动的文化遗产，是人类在其文明进程中所营造的一切实物体，具体来说，包括各类建筑物、构筑物以及聚落、村庄、城市和其所处的环境。其基本属性就是有形的、物质的和不可移动的，无论其实体是否完整无缺，都不影响这个基本属性的体现。[32]

（3）文物建筑

"文物建筑"一词是中国特有的称谓，指经政府主管部门认定的各级文物保护单位；在英国，这类经过政府法定制定或登录程序的历史建筑，被称为"登录历史建筑"（Registered Historic Building）；在中国台湾地区，指经"文化资产保存法"指定公示的古建筑物、村落、街市、遗迹等。由此可见，此范畴的建筑类型，虽然各地称谓不同，但其指代的性质范围是基本一致的，即"政府认定"或"法律认定"。

（4）历史建筑

历史建筑（Historic Building）一词，最早出现在文艺复兴时期的意大利，19 世纪以后在欧洲广泛指代那些应受到保护的建筑遗产。[33] 目前来看，不同国家和地区、组织机构，甚至学者个人，对该概念的定义都不尽相同。综合来看，主要可分为两大阵营，其分歧的焦点就在于"历史建筑"究竟属不属于"古迹"的范畴，"历史建筑"和"建筑遗产"究竟是不是一个概念。[34-35]

一类观点认为，"历史建筑"应区别于"文物建筑"，二者都作为子集共同组成了"建筑遗产"的范畴（图 1-10）。二者的共同点是都具有一定的历史价值、科学价值和艺术价值，都是能够反映历史风貌和地方特色的不可移动的建（构）筑物；不同点在于其有没有得到官方的"身份界定授予"。2008 年国务院颁布的《历史文化名城名镇名村保护条例》中对历史建筑的界定为："历史建筑，是指经城市、县人民政府确定公布的具有一定保护价值，能够反映历史风貌和地方特色，未公布为文物保护单位，也未登记为不可移动文物的建筑物、构筑物。""文物建筑"在 2013 年颁布的《中华人民共和国文物保护法》中被归类为"不可移动文物"，指被确定为各级保护单位的古文化遗址、古墓葬、古建筑、石窟寺、近现代重要代表性建筑等。可见其指代范围与上文中所提及的"古迹"的指代范围基本重合。

另一类观点认为，"历史建筑"应包含"文物建筑"，并与"建筑遗产"的范畴相重合（图 1-11）。因为无论是以中国为代表的"文物保护单位"评定制度，还是以英国为代表的"登录历史建筑"制度，其划定的受保护的对象数量和范围都是有限的，而大量蕴含丰富的历史文化价值信息的普通建筑并不在规定的保护范畴之内，但是如果离开对它们的保护，整个建筑保护体系可以说是不完整的。因此，该观点认为，所有具有历史价值、艺术价值和科学价值的建（构）筑物、建筑群等，其存留达到一定年限的，都属于"历史建筑"，都是需要保护的对象。这里所提到的存留年限，在时间长度上，目前尚没有统一的界定标准，如日本对于"文化财"的认定标准是 50 年，而欧洲国家普遍的评判标准是 100 年。

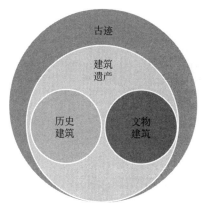

图1-10 历史建筑的定义范畴Ⅰ

图1-11 历史建筑的定义范畴Ⅱ

（5）古建筑

从断代理论的角度看，"古建筑"和"近代建筑"共同构成了历史建筑的范畴，在中国建筑史研究中，通常把1840年以前建造的建筑称为"古建筑"，但此提法较为片面。[36]从建筑形态的角度看，"古建筑"则是"中国古代木结构建筑"（Ancient Chinese Timer Building）特有的一种约定俗称，特指那些"以木料为主要构材；历用构架制之结构原则；迥异于他系建筑，乃造成其自身风格之特素；以斗栱为结构之关键，并为度量单位；外部轮廓之特异，外部特征明显"[37]的中国传统木结构建筑。

此范畴内的建筑遗产，无论其是否是"文物保护单位"，皆是本文的主要研究对象，将通篇统一使用"古建筑"这一称谓。

1.4 国内外木结构建筑遗产保护的现状

木材是东西方历史建筑中都常用的建筑材料，其生物质材料的特性，决定了其优缺点都是显而易见的，因此，国内外相关学者皆倾注了大量的心血于木结构建筑保护问题的研究。基于学科侧重点的不同，研究内容主要包括对木质材料材性的研究，对木结构建筑修缮技术的研究，对木结构建筑风险防护技术的研究，对木构件检测勘查技术的研究，对木结构建筑营造做法的研究等几大类。虽然其各自的研究侧重点不同，但目的和初衷都是一样的，皆是服务于木结构历史建筑的保护和延续。

1.4.1 国外木结构遗产保护的工作现状

1.4.1.1 欧洲学者关于木结构遗产保护的工作成果

在欧洲，木材早在古希腊时期就已成为屋顶构架的主要材料之一。古希腊时期，甚至采用陶片来保护木构架不受腐朽和火灾的侵袭，古罗马时期，就已出现了对木桁架受力体系的详细研究。[38] 时至今日，仍有大量的民居建筑和小型公共建筑采用木结构作为主要的承重体系和围护体系，例如著名的挪威木质狭板教堂，不仅建造年代久远，而且装饰精美，保存现状良好（图1-12）。欧洲相关遗产保护工作者，在木结构历史建筑保护方面的工作成果也是相当丰富的，这里将列举21世纪以来相对具有代表性的一些成果。

图 1-12　挪威木质狭板教堂（乌尔内斯教堂）

（图片来源：http://baike.baidu.com）

2001 年，Karlsen，E. 等[39] 从火灾风险防护的角度，分析了历史建筑的火灾保护问题，并以挪威某木质狭板教堂防火体系的试点建设为案例，介绍了该体系的构成，包括室外消防供水系统、热敏监测系统和水雾喷淋系统等。研究认为，在木结构历史建筑的防火现代化改造中，应秉持的原则是基于最小的结构破坏干预和审美干扰，在成本最优的前提下，达到安全性获取的最大化。

2006 年，Ayala，D. 等[40] 研究了中国木结构古建筑在修缮和劣化方面的问题，并通过案例分析的方式，回顾了基于"保留原真性价值"理念的各类修缮活动，包括传统手段的和现代手段的，得出了在中国木结构古建筑修缮过程中"尽可能地保留就是创新"（conserve as found，as far as possible）的现实目标。

2007 年，Cointe，A. 等[41] 通过对木结构钟楼的长期监测，研究分析了木结构对钟摆运动的动态响应规律，并将监测数据与有限元模拟数据进行对比，结果证明木结构的动态水平位移和瞬时振幅都可以通过监测数据模型直观描述。

2009 年，Grippa，M. R.[42] 的研究中主要关注了木结构建筑保护中的三个问题：①研究分析了欧洲的木结构建筑的历史和特点，阐释了在意大利和其他许多地中海地区，历史建筑的水平承重结构多采用木质结构，如木质地板和木质屋顶等，并以那不勒斯王宫（Royal Palace of Naples）的木质复合屋顶作为研究的对象。②介绍了一种在历史建筑的保护修复中，用于木质梁和混凝土楼板之间的一种新型连接装置，并通过对全尺寸构件的单向顶出试验和弯曲试验，验证其可靠性。③通过对历史建筑中的木构件分别进行无损检测和有损检测，讨论分析了其数据的相关性，并显示了无损检测的优越性，包括适用度、便携度和工作效率等。研究认为，木材因其与生俱来的特性，决定了其在材质和结构性能方面的保护困难度，因此，在木结构历史建筑的保护修复中，采取与现存构造体系相适宜的干预手段来获取建筑的现状信息，是十分必要的，也是最基本的任务。

2009 年，Holzer, S. M. 等[43] 讨论了德国南部 17～19 世纪建造的几种常见木桁架的构造形式，分析了其各自的构造特点和结构力学性能，从而为木桁架的结构建模提供了依据。

2012 年，Aras, F.[44] 在研究中阐述了木结构建筑体系在土耳其的发展历史及面临的保护现状，介绍了土耳其传统木结构的两种主要形式：Himis 和 Bagdadi，分析了它们各自的形态特点和常见的残损形式，并以伊斯坦布尔艾纳利卡瓦克宫（Aynalikavak Pavilion）的修缮工程为例，详解介绍了其木结构体系从前期监测、勘查到修缮的过程与步骤。

2014 年，Eskevik, A. H.[45] 对挪威木质教堂的建筑遗产和包含在其中的传统雕刻营造技艺等非物质文化遗产的保护问题展开研究。研究重点关注了在木质教堂的保护修复过程中，不同技术手段的干预随时间推移而对建筑造成的影响趋势。通过分析木质教堂修复工作的复杂性及其保护过程中物质层面要求和非物质层面要求之间的冲突，以微观的视角，把人类施加于建筑身上的修缮干预比作建筑留下的"年轮"，认为这些"年轮"都是可见的，强调真正最卓越的"年轮"印记应该是通过传统工艺和传统工匠留下的。

2015 年，Debaileux, L.[46] 针对木结构历史建筑常被不当修复而被破坏历史原真性，且不同地区的修缮做法大相径庭的问题，在充分调研的基础上，提出了一种传统木结构形式和做法的检索系统。该系统通过计算对两张构造图片中的"统计描述符"（Statistical Descriptor）进行对比运算，运用分形维数（Fractal Dimension）、豪斯多夫距离（Hausdorff Distance）和几何比（Geometrical Ratio）等方法，来评估和定义其构造的相似点，从而帮助建筑、考古和历史等专业的学者对其进行分类。

综上可见，欧洲作为建筑遗产保护理论的发源地，其研究范围并非如我们传统理解的那样只关注砖石结构，在木结构方面，研究成果同样丰富。这其中既有偏"软"的保护理念方面的研究，也有偏"硬"的保护技术手段方面的研究，概括来看，在木结构历史建筑的研究方面，欧洲学者的研究成果具有"面广，线长，点深"的特点。所谓"面广"，指研究的内容包括从保护理念、修缮手法、传统技艺介绍，到监测检测、计算机模拟等现代保护科技，各个方面皆有涉足[47]；所谓"线长"，指研究传统深厚，最早甚至可追溯到文艺复兴时期，大量的研究成果已是数代研究者积累的结晶；所谓"点深"，指在很多研究的关注点上，皆有深入的研究分析，思路清晰，方法多样，具有一定的先进性和可借鉴性。因此，虽然欧洲历史建筑的木结构体系在结构形态上与中国古建筑的木结构体系有所不同，但是在某些方面是相通的，例如对生物质材料的保护原则理念的研究、对木材的材质性能的研究、对木材的监测检测技术的研究、对木材的修复手法和技术手段的研究等，是具有一定借鉴意义的。

1.4.1.2 东亚学者关于木结构遗产保护的工作成果

东亚国家和地区现存的木结构古建筑与中国木结构古建筑有着同宗同源、一脉相承的关系。其理论研究在某些方面已走在了我们的前面，而当地木结构古建筑的保护现状，往往也好于我们，这其中以日本的相关研究成果最具有代表性。

2011 年，陈民生[48] 在对日本严岛神殿、唐招提寺、法隆寺、东大寺等著名的木结构古建筑进行了详尽的"田野调查"后，总结出日本的木结构古建筑保护体系有如下几个特点：①强调对整体环境的保护，常以重要的文物建筑为核心而设立一个相当范围的保护区域，从而形成一个与核心古建筑风貌相一致的整体环境；②对古建筑木构件多以原木裸露的状态保留，表面不施加任何油漆和彩绘，保证木材处于良好的透气状态，使潮气和木腐菌不易在内部积存，从而延长构件的使用寿命（图 1-13）；③消防设施配备充足，且外观装饰考虑与古建筑环境的协调统一，防水排水设施做工精致且保养良好；④加设了一定比例的无障碍设施，为古建筑的再利用增加了人性化考虑；⑤注重建筑遗产知识的公众普及和教育事业，从而唤起公众自觉的保护意识。

图 1-13　日本唐招提寺的原木构架

（图片来源：http://baike.baidu.com）

日本在古建筑保护修复的具体实施层面，基本秉持了外旧内新和复原迁址的保护原则。外旧内新，表示尽最大可能地保留外观的原始形态不被改变，仅作必要的加固处理；内部翻新则是在最大限度保留原有结构的同时，根据现实使用功能的需要而进行灵活的设计处理。复原迁址，表示尽可能在原址基础上复原历史建筑，因客观原因实在无法原地复原的情况下才考虑迁址复原。由于迁址复原的处理方法牵涉对古建筑的重新规划设计和施工建造，会对周边环境和城市布局造成一定的影响，因此目前在日本也仅仅是一定程度上集中地发展复原迁址。

作为一个地震和台风多发的国家，日本对木结构古建筑的灾害风险监测尤为关注，如 Hanazato，T. 等[49] 对 Hokekyou-ji Temple 的地震和台风监测，Sato，U. 等[50] 对传统木构民居建筑的地震灾害监测与评估，Watanabe，K.[51] 针对 1995 年神户地震中的木结构古建筑震害破坏情况，研究了木材含水率对抗震力的影响。

综上可见，从 20 世纪中叶开始，在经历了二战的洗礼和 20 世纪 60 年代经济腾飞的城市现代化运动之后，日本的许多城市也经历了我们现在正在面对的"大拆大建"的局面，面对大量的木结构建筑被损毁甚至消失，日本社会自上而下掀起了反省得失的风潮。因此，从 20 世纪 70 年代开始，日本加强了对古建筑和历史街区的保护，到目前为止，已自成体系，成果丰硕。面对并不优越的自然条件，如果没有一种"虔诚尊重"的保护态度和科学合理的保护方法，只能加速木结构古建筑的消亡，而日本在这方面的工作成果和走过的弯路，是值得我们借鉴的。[52]

1.4.2 国内木结构遗产保护的工作现状

中国学者对本土木结构古建筑体系化的研究始于梁思成先生及其所创办的营造学社，距今尚不足 100 年，且期间历程也并非一帆风顺；而对木结构古建筑的保护修复的研究，更是起步缓慢、一波三折，甚至还出现过"文革"时期与"保护"和"修复"背道而驰的悲剧。改革开放以来的 30 余年，是我国木结构古建筑保护事业突飞猛进的阶段。首先，1982 年颁布的《文物保护法》，就从国家层面上确定了建筑遗产的价值和保护工作的重要性；而后，随着国家的逐年重视和国际交流的加深，加之民众保护意识的提高，我国在木结构古建筑的保护事业上方兴未艾。由于建筑遗产保护学科的前沿性与交叉性，来自不同学科专业的学者从不同的角度和侧重点开展相关工作，并取得了相应的成果。

2004 年，李铁英[53] 在对应县木塔现状进行了详尽调研的基础上，分析了其结构残损要点及形成机理，从中国建筑断代发展的时间跨度上讨论了《营造法式》与应县木塔之间的关系，并系统分析了应县木塔的主要残损类型及机理，在此基础上提出采用综合分析方法进行木塔的非线性反应分析，并指出了木塔的变形、残损及影响安全的内在机理和外在因素。

2007 年，林源对中国建筑遗产保护理论进行了一定程度的基础性研究。主要研究内容包括对"价值"概念的探讨，对建筑遗产保护的国家制度存在的问题与欠缺的理论分析，对"保护"概念的定义等。

2008 年，曹永康从两个层面分析了我国文物建筑保护的理论和实践工作现状。首先从一个层面归纳我国文物古建筑保护存在的问题，并通过对国际保护理论、思想的发展演变的总结，归纳构建起基于我国自身建筑文化特征的保护价值观。继而，基于上一层面的理论分析，在下一个层面提出了对我国文物古建筑保护实践合理操作的价值判断和操作流程标准。

2008 年，王雪亮[54] 基于可靠度理论探讨了木结构历史建筑剩余寿命的评估方法，研究中针对木构件在结构中的不同部位和受力特点，提出了根据腐朽等级考虑腐朽引起的材料强度衰减和有效截面损失的方法，并据此推导了各类构件的腐朽抗力衰减模型。根据木材气干过程中木材含水率变化和裂缝开展的试验数据，建立了裂缝深度与含水率、裂缝深度与时间的拟合曲线，并通过有限元法模拟分析了单双面裂缝对构件抗力的影响程度，裂缝相对深度与构件抗力之间的关系，从而得到了干缩裂缝对木构件长期抗力影响的数学模型。

2009 年，肖金亮在对国内外文化遗产保护工作发展历程进行梳理总结的基础上，指出了中国当前的保护工作正在摆脱传统的"工程项目"定位，而酝酿形成一个系统化的

"历史建筑保护科学"的学科体系，形成多学科共同参与的新型保护工作方法，在此基础上形成由"多学科组成的学科群"、"符合多学科保护特点的合理的工作流程"、"保护工作的独特原则"三部分共同组成的保护工作系统。

2010年，张帆从残损勘查中的木材检测、木构件补强技术、木材表面修复技术三个方面对木结构历史建筑保护修复技术进行了探索，并列举了故宫大修、恭王府修缮、重庆湖广会馆修缮等工程案例，侧重于对木材检测和表面保护修复技术的论述。

2013年，张风亮[55]结合汶川地震后对现存木结构古建筑的震害调查，分析探讨了中国木结构古建筑的地基基础、梁柱和斗拱等构件，榫卯节点，整体稳定性及围护结构在地震力作用下的破坏情况和破坏原因以及木材性能退化机理等，并基于试验和理论分析，研究了碳纤维布加固木结构古建筑后各关键部位或构件的力学性能恢复情况。

综合来看，我国的木结构古建筑保护研究主要涉及建筑学、考古学、土木工程、木材学、检测勘查学、生物学等多学科的综合力量，无论是在人才培养还是成果转化方面，都取得了长足的进步。主要体现在如下几个方面：①保护工作的法律法规制度建设逐步完善，公民和学者的保护意识不断增强；②多学科融合的保护团队搭配逐渐形成，增加了人文科学和自然科学的联合，打破了学科的界限，使优势资源和成果得以转化；③现代科学技术对保护工作的支撑作用日益凸显，保护工作的科技含量不断增大；④国际合作机制正在形成，国外先进的理念和技术方法正逐渐地被消化吸收并运用于实践。

1.4.3　木材检测技术研究现状

木材无损检测技术是20世纪50年代逐步兴起的对木材的物理性质、生长特性、材质力学性能、残损缺陷等进行非破坏性检测的技术。[56]它最早应用于对活立木的检测，后逐步在木质建筑构件方面也开展了广泛的应用。

1.4.3.1　欧洲和美国无损检测技术在木材中的应用历程

1965年，Lee，I. D.[57]采用应力波检测技术对英国的一座18世纪建造的大厦屋顶进行了现场检测，测定了木构件横向应力波和纵向应力波传播时间，得到了应力波传播速度，并在实验室测定了部分旧木构件的残余力学强度，绘制了应力波传播速度与木构件残余强度的关系图，他也被认为是最先将应力波无损检测技术应用于现场木构件检测的科技工作者之一。

1978年，Hoyle，R. J和Perllern，R. F[58]对美国爱达荷州某学校体操馆的主要承重构件——花旗松胶合木拱形梁端头部位进行了应力波无损检测，这是检测者初次利用应力波无损检测技术确定了木构件的腐朽部位。

1981年，Lanius，R. M.[59]等人利用纵向应力波技术对建于1925年的美国华盛顿州立大学农学院的一个牲口圈进行了检测，以应力波传播速率为考察指标，估测了木构件的残余力学性能。

2001年，Ceraldi，C.等[60]使用微钻阻力仪对木结构古建筑的机械特性进行了评价和检测。研究对小型榉木的力学特性（木材局部密度和轴向抗压强度）进行了测试，对榉木小样本轴心抗压强度进行了明确的评价。

2006年，Kandemir，Y. A.等[61]使用红外热成像（IRT）和超声波技术（UVM）对

一座建于 13 世纪的清真寺进行了无损检测，对其木构件的健康状态、受损程度以及以往修缮所造成的影响进行了评估，检测结果表明，壁画及木结构中的潮湿部位与屋顶的排水问题以及利用泥灰和油漆进行修缮带来的负面影响密切相关。

2009 年，匈牙利学者 Ferenc D. 等[62] 通过目视、螺钉拔出阻力仪（Screw Withdrawal Resistance）、应力波和生长锥（Drill Sampling）等无损检测方法，对匈牙利国内 Papa 的 Baroque 宫殿天花板等部位的木构件进行了检测；此后，他又采用应力波、螺钉拔出阻力仪和温热照相分析仪（Thermography）等无损检测设备对匈牙利国内的部分木结构建筑进行了研究，结果证明应力波和螺钉拔出阻力仪能很好地预测单个木构件的抗弯强度和内部空洞形态，而温热照相分析仪是进行木构件表面腐朽探测的有效工具。

2008 年，Palaia，L. 等[63] 从理论的角度研究分析了微钻阻力仪、非金属超声波仪和木材硬度计等无损检测技术设备在木结构历史建筑中的应用。研究认为，在历史建筑修复施工现场，无损检测手段可以帮助研究人员节约诊断时间，并降低对木构件的损伤程度；通过无损检测手段可以系统性地获取关于木构件的有关数据，这对木结构的评估是十分必要的。

2009 年，Calderoni，C. 等[64] 在研究中提出，木构件的残余力学强度等信息的获取，不能通过"牺牲"构件本身的方式，而是应保持结构整体的完整性。研究以更换下来的旧栗木构件为试验材料，分别进行了微钻阻力试验和传统力学性能试验，分析了其结果的相关性，建立了通过微钻阻力检测获取的木构件顺纹抗压强度和横纹抗压强度之间的数值关系模型，并通过云杉新材试件验证了这个结果。

1.4.3.2 日本无损检测技术在木材中的应用历程

在亚洲地区，日本是在木结构建筑无损检测研究方面开展较早的国家。木结构占"文物财"总数九成的日本，对木结构古建筑的残损检测研究可以追溯到 20 世纪 60 年代。20世纪 70 年代，Isikawa，R. 等利用 X 射线判断国宝及古建筑主要木构件的虫害状况和修复情况。Miura，S. 通过超声波对古建筑中被水浸泡的木构件与干燥构件的物理特性之间的区别等进行比较，并对浸水构件的病害状况进行判断。在 20 世纪 80 年代之后的古建筑检测中，X 射线 CT、X 射线探伤等技术被广泛应用。

2008 年，Ooka，Y. 等[65] 通过电磁波雷达对清水寺使用过的榉木和桧木进行强度试验来测定柱子内部的残损（虫害、腐朽），发现遭受虫害的材料的物理特性发生了很大的改变，对于直径超过 10cm 的内部损伤，利用电磁波可以有效检测。Nagaya，T. 等使用雷达、超声波、回弹仪等无损检测法，通过弹性应答检测木构件机械性质，通过超声波和红外线测定木构件裂缝，从而获得材质变化的定量评价。检测过程中，在对需要进行破坏试验分析的构件进行取样时，表层损伤的定量测试使用小口径的钻孔机。Fujii，Y.[66] 等利用微钻阻力仪（IML-RESI F300）对重要文化遗产建筑 Rinnoh-ji Temple（轮王寺）的构件的虫害状况进行了检测，对虫害引起的构件强度变化以及破损位置的判断进行了评价。

2008 年，Saito，Y. 等[67] 通过对 Fukusho-ji Temple（圣福寺）更换下来的残损构件和相同树种的新材试件分别进行 X 射线监测和密度监测，分析年代对木材氧化温度和杨氏模量的影响规律。研究结果表明，随着年代的推移，木构件中除了纤维素外，其他化学成分的变化基本不大，因此得出结论：木构件内部缺陷的影响远大于木材自身退化的影响。

2013 年，Fujita, K. 等[68] 对 Kencho-ji Temple（建长寺）进行了定期的震后监测和结构检测分析，该建筑曾遭受 1923 年关东大地震的破坏，研究针对过去 10 年间的残损情况进行了重点检测勘查，运用了目测、微振技术、地震监测和结构分析等手段。针对一些隐藏构件检测数据信息较难获取的问题，运用 X 射线技术对其进行监测，并探讨了更换后的隐藏构件的 X 射线检测结果与结构分析结果的关系。

此外，日本在 20 世纪 50 年代就已成立了国家层面的专业保护研究机构——东京文化财研究所（即东京文物研究所），进行文物及古建筑保护工作。研究所下属的保存修复科学中心的保存部门集中从事古建筑残损（病害）的防治和检测工作，还涉及无损检测机器的开发及应用、新型无损检测法的研究等。

通过以上对欧美国家和日本的木材和木构件无损检测应用历程的介绍来看，欧美国家的无损检测技术运用较早，也比较成熟，但研究和应用多偏重于近代建筑，对木结构古建筑的残损检测多限于局部构件和材料性能，并且检测的对象与中国传统木结构建筑在结构形式与材料上都有较大区别。日本对木结构古建筑的残损检测勘查，从有针对性的设备开发，到材质性能、多种残损形态的检测等方面，都有较为系统的研究，并且其传统木结构建筑与中国非常接近。但是也可以看到，即使在日本，综合运用多种检测设备对同一建筑的不同构件进行全面的检测研究及对检测数据进行定量化分析等相关适宜性技术的探索，也比较缺乏。

1.4.3.3　国内无损检测技术在木材中的应用历程

在我国，无损检测技术也经历了从检测活立木和木材产品，逐步发展到应用于木结构建筑的检测勘查这样一个过程，近年来开展的针对古建筑木构件的无损检测研究工作，取得了一定成果。

2006 年，王晓欢[69] 对古建筑木构件的材性变化规律进行了无损检测研究，并以故宫武英殿正殿维修时替换下来的 5 个树种旧木材为试验材料，研究了使用 50～135 年后各树种未腐朽材物理力学性质的变化及不同程度腐朽的落叶松和软木松木材的物理力学性质衰减，定量分析了落叶松腐朽旧木材的微钻阻力仪检测结果，讨论了 FFT 分析仪检测未腐朽旧木材的动态弹性模量与静态弹性模量及抗弯强度的关系。

2007 年，段新芳等[70-71] 采用应力波技术对西藏古建筑中的腐朽与虫蛀木构件进行无损检测和目测腐朽观察，并将两种结果进行比较。结果表明：应力波无损检测技术可以准确判定木构件的内部腐朽与虫蛀；表层腐朽分级与无损检测结果基本一致。在古建筑维护中，可在目测的基础上，再采用应力波技术检测确认，为准确更换木构件提供定量评价依据。

2009 年，冯海林等[72] 根据机械波传播理论，对应力波在木材中的传播进行了研究，分析了应力波传播的微分方程，并给出了在圆柱极坐标下的模型，引入 Kelvin-Christoffel 张量，得到了应力波在木材中传播的微分方程模型。在此基础上分析了模型参数，给出在各个对称面中的方程表示，并以云杉和松木为应用实例对应力波的传播进行了仿真。

2012 年，李华、陈勇平等[73] 将三维应力波断层扫描仪和微钻阻力仪应用于木结构古建筑的勘查，证明将三维应力波断层扫描仪与微钻阻力仪结合使用，在提升残损信息精确度和可操作性方面具有良好的前景。对应力波在古建筑木材中传播速度的影响因素及其影响规律进行了检测和分析，找出了各种因素变化与应力波扫描图像之间的关系。

2013 年，安源[74] 利用应力波在木材中的传播时间、距离和速度三项参数建立了点速度模型算法、线速度模型算法和加权修正线速度模型算法，并通过山海关老龙头海神庙正殿和后殿的大量实际检测数据进行验证，进而将三种算法模型得出的结果与应力波的检测结果进行对比。其研究结果表明：点速度模型算法和线速度模型算法基本表征了木材的内部缺陷，加权修正线速度模型算法的结果与应力波的检测结果相同。

1.4.3.4　发展趋势

综合以上研究的分析总结，可以看出，目前应用于建筑检测勘查领域的无损检测的发展存在以下趋势：

（1）通过综合优化多种检测设备和数据采集的技术方法，提高数据精度和有效性的趋势。

（2）应对不同构件采用适宜性技术，在尽可能保护的前提下，探索易于操作、经济可行、最少干预的无损（微损）检测技术的趋势。

（3）由单一构件的残损信息检测向全面的整体的木构架形态信息检测的方向发展。

（4）对检测设备的现场适应性提出更高的要求，使古建筑无损检测设备向小型化、便携性、智能化、集成化方向发展。

1.5　木结构古建筑检测勘查的工作内容

1.5.1　检测勘查工作的原则及目标

对古建筑的保护修复工程是一项系统性工程，需要理论指导和技术支持两大力量的共同"武装"。已有的经验告诉我们，一些陈旧的理念和方法已不适于当今条件下木结构古建筑的保护。例如将古建筑修缮得"焕然一新"的修复手法，就破坏了古建筑的历史价值和艺术价值，已经被证明是脱离先进保护理念的；正确的做法应该是"整旧如旧"，尊重其历史原貌，保留其历史信息，让其"老当益壮"，而不是"返老还童"。

同样道理，近年一些主流的保护章程和宣言，绝大部分都是针对西方砖石构造历史建筑的保护，并不是每一款每一条都充分适用于中国木结构古建筑保护的。在《威尼斯宪章》中也明确提出：任何宪章都只能提供指导性的原则，而不能提供"放之四海而皆准"的普遍规则。

因此，在当今条件下，对于中国木结构古建筑，应在科学研究的基础之上，形成传统工艺和现代技术手段相结合的保护之路。具体而言，体现在如下几个方面：

1）传统保护思维和现代保护理念相结合的保护思路。

2）传统修复材料和新技术材料相结合的保护技术研究。

3）传统检测勘查手段和现代检测勘查手段（如无损检测技术）相结合的保护技术研究。

4）传统修缮工艺和现代施工方法相结合的保护技术研究。

5）形成长期监测维护管理和定期检查修缮相结合的保护技术体系。

本书的论述重点就是以上文条款中第三条的内容为核心而展开的，同时也对其余 4 条的内容形成关注和互动。具体的工作内容包括：

（1）对中国古建筑保护技术现状的研究

对应本书第 1 章内容。分析了中国木结构古建筑的现状及保护工作的现状，分析了现有保护理念、保护技术的局限与不足，并对国内外相关领域的研究现状和趋势进行了总结。在此基础上，借鉴"预防性保护"的理论内容，决定了前期检测勘查工作在整个保护工作体系中的重要性，从而提出本论文的研究主体内容。

（2）对古建筑木构件材质性能与残损规律的研究

对应本书第 2 章内容。在总结了中国木结构古建筑营造技术发展历程以及结构用木材特性的基础上，分别对木结构古建筑常用树种的选择及其材质性能，影响木构件耐久性的因素以及木构件常见残损状况等进行了相关研究。

（3）对适用于古建筑木构件的检测方法的研究

对应本书第 3 章内容。综合分析了建筑遗产保护中常用的各类无损检测技术设备的发展概况、原理方式、特性、应用范围等指标，并通过试验的方法筛选出了适用于中国古建筑木构件检测勘查（尤其是现场检测工作）的无损检测技术手段。

（4）对古建筑木构件材质性能检测技术的研究

对应本书第 4 章内容。以木结构古建筑上拆卸下来的旧木构件和相同树种的新砍伐木材为试验原材料，根据《木材物理力学试验方法总则》GB/T 1928-2009 的规定加工制作标准尺寸清材试件。首先对试件进行应力波和微钻阻力无损检测，采集获取微钻阻力值和应力波传播速率数据，再根据 GB/T 1928-2009 规定的试验方法，对试件进行顺纹抗压强度、抗弯强度、含水率和密度等材质性能的数据采集，基于两条路径获取的试验数据，尝试运用不同的统计方法（线性拟合、信息扩散模型）建立二者的关系模型，并应用于现场检测，进而考察了不同构件年代、不同构件含水率、不同检测设备参数等条件下，对无损检测数据的影响规律。

（5）对古建筑木构件内部残损检测技术的研究

对应本书第 5 章内容。基于逆向模拟的试验思路，在旧木构件中人工挖取不同形状、不同面积比例和不同残损类型的截面孔洞，考查应力波检测数据和图像对特定试验条件的反应灵敏程度和精确程度，并分别尝试使用数学统计（马氏距离判别法）和微钻阻力修正的方法，提高对截面残损缺陷检测与识别的精度。最后，利用逆向模拟试验中得到的方法与数据，在现场条件下予以"正向"验证。

（6）对古建筑木构件现场检测技术流程的研究

对应本书第 6 章内容。在明确了检测勘查目的的基础上，结合木结构古建筑的特点和特殊性，探讨了检测的范围、内容和项目，选择了适宜的抽样方法和检测手段，进而形成了有针对性的、方便掌握的和高效率的检测勘查现场操作技术流程。在此基础上，构建了古建筑保护信息数据库（构件检测信息是其重要组成部分），研制开发了一种应用于微钻阻力现场操作的支架装置，可以帮助提高检测精度、降低劳动强度、减小设备损坏风险。最后，列举了天坛长廊检测勘查作业的现场操作流程案例。

1.5.2 检测勘查工作基本框架

1.5.2.1 希望达到的目标

（1）探讨适合木结构古建筑现场检测的设备与方法。针对木结构古建筑的保护和修缮需求，提出满足最小干预原则的无损或微损检测方法。

（2）建立无损检测数据与木构件材质性能指标的预测模型。

（3）对比旧木构件和相同树种的新材，探讨长期使用后木材的材质性能衰减规律。针对古建筑木构件的不同特点（包括不同的时期、树种材料、位置等），明确提出与之相适宜的检测技术和设备。

（4）基于对检测设备不同参数设置条件下的检测数据变化的分析，找出其中的规律，规避人工误差，提高检测数据的精确性和可比性。

（5）建立残损缺陷应力波检测值与实际值之间的换算模型，形成数学分析方法和微钻阻力对应力波检测数据的修正，提高古建筑木构件残损检测的精度，缩小误差值。

（6）初步建立可操作性强的木结构古建筑现场抽样方法和检测流程。

1.5.2.2 希望解决的问题

本书期望解决的问题主要分为四大方面，归纳而言，即：找规律、寻方法、提精度、建流程，具体内容如图 1-14 所示。

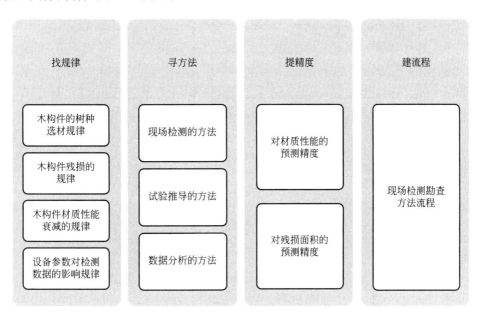

图 1-14 本书期望解决的问题

1.5.3 研究基本框架

本书的基本框架如图 1-15 所示。

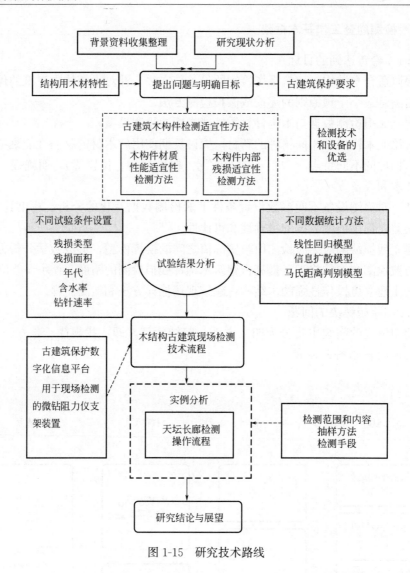

图 1-15 研究技术路线

第2章　古建筑木构件的基本特征和残损类型

　　木材是一种古老的建筑材料，人类对它的使用历史可以追溯到原始社会时期，对于其优点，本书第 1 章中已作了介绍。在生产力水平不高的古代，这些凸显的优点，使木材成为了最主要的建筑用材，无论是用于承重构件，还是装饰构件。结构用木材一般取自木本植物中的乔木，包括针叶树和阔叶树两大类。大部分针叶树理直、木质较软、易加工、变形小，通常作为建筑中的承重构件使用，如杉木、松木等；大部分阔叶树质密、木质较硬、加工较难、易翘裂、纹理美观，通常作为室内装修构件使用，如水曲柳、核桃木等。

　　中国是世界上最早应用木结构的国家之一。中国历史上大量采用梁柱式的木构架建筑，扬木材受压和受弯之长，避受拉和受剪之短，构件间通过榫卯连接，具有良好的抗震性能，集中国古代建造技艺之大成。如建于辽代（1056 年）的山西应县佛宫寺释迦塔（俗称应县木塔，图 2-1），充分体现了木材自重轻、能建造高耸结构的特点。中国古代建筑中对木材的运用，还体现在如下几个方面：

图 2-1　应县佛宫寺释迦塔
（图片来源：http://baike.baidu.com）

　　（1）在小木作构件的制作方面，通常采用干燥的木材，并使结构的关键部位外露于空气之中，既可防潮又可使木构件免遭腐朽。

　　（2）在木柱的根部设置础石，既可避免木柱与地面接触受潮，又可防止白蚁顺木柱上爬危害整体构件安全。

　　（3）在木材表面用较厚的油灰打底，然后油漆，除美化环境外，兼有防腐、防虫和防火的功能。

　　中国古代木结构建筑在唐代就已形成一套比较严整的制作方法和体系，但见诸文献的是北宋李诫所著《营造法式》，是中国也是世界上第一部关于木结构房屋建筑的设计、施工、材料以及工料定额的法规。对于房屋设计，规定"凡构屋之制，皆以材为祖，材有八等，度屋之大小，因而用之"，即将构件截面分为八种，根据跨度的大小选用。经材料力学原理核算，当时的木构件截面与跨度的关系符合等强度原则，说明中国宋代已能通过比例关系选材，体现出梁抗弯强度的原理。与梁柱式的木构架融为一体的中国木结构建筑艺术别具一格，并在宫殿和园林建筑的亭、台、廊、榭中得到进一步发扬，是中华民族灿烂文化的组成部分。

20世纪以来，随着现代主义建筑思潮传入中国，建筑风格趋于多样化，但即便是在近代大规模产业化生产的钢材和混凝土成为了主要的建筑材料，木材仍然以其优良的特性，在建筑材料中占有重要的一席之地。表2-1中对三种主要建筑材料进行了对比。

木材、混凝土和钢材的材料性能对比　　　　　　　　　表 2-1

	木　材	混凝土	钢材
比强度(F/ρ_0)	0.070	0.012	0.053
力学性能	顺纹抗压强度和顺纹抗拉强度皆高，有一定的抗弯强度和弹性变形范围	抗压强度高，抗拉强度低，剪切强度低，脆性大，基本无弹性变形	抗压强度低，抗拉强度高，剪切强度高，韧性大，弹性变形范围大
易加工性	加工方便，无湿作业，各向异性，对选材部位要求高	可塑性好，现场湿作业多，成型后可加工性差	可塑性好，不易现场加工
装饰性	装饰性好，可调节温度，视觉舒适，利于听觉	装饰性一般	装饰性较差
材质特性	不匀质，易燃，易腐，易吸湿，易变形，热传导性低	匀质，阻燃，易吸湿，不易变形，热传导性低	匀质，高温易变形，不易吸湿，易生锈，热传导性高

木材在建筑中的利用方式主要有原木材和人工板材两种，中国木结构古建筑中一般采用原木材加工。这种传统的加工方法无法像人工木质板材一样通过人为的加工规避掉一些木材的原始弱点，而是对木材性能的"原真性"加以利用。这就更需要对木材的材料性能和残损规律等有一个充分的了解和把握，只有如此，才能做到正确地建造使用和良好地维护修复。

木材在受拉和受剪时易于脆性破坏，其强度受木节、斜纹及裂缝等天然缺陷的影响很大；但在受压和受弯时具有一定的塑性。木材处于潮湿状态时，易受到木腐菌的侵蚀而腐朽；在空气温度、湿度较高的地区，白蚁、蛀虫、家天牛等对木材也有较大的危害；此外，木材易燃，因此，结构用木材应采取防腐、防虫、防火措施，保证其耐久性。正是由于木材的上述特性，形成了其在自然环境中易于腐坏损毁的特点，加之大量的人为不当修缮，使中国木结构古建筑的保护修复现状不容乐观。因此，对中国木结构古建筑中常用木材的材料本身进行研究分析，是做好下一步检测勘查工作的基础。

2.1　木结构古建筑的发展历程

2.1.1　中国木结构古建筑的起源

根据可考证的历史，中国木结构建筑最早可追溯到新石器时代，以原始氏族的居住形式为主，根据地域、气候的南北方差异，可分为巢居和穴居两大类型，前者主要见于南方潮湿地区，后者则主要见于北方干燥地区。从半坡遗址考古来看，当时已经出现木骨抹泥墙体的构造形式（图 2-2），而河姆渡遗址中，已有绑扎和榫卯结合运用的干阑式结构（图 2-3），这些都被认为是中国木结构古建筑的雏形。

图 2-2　半坡遗址复原图
（图片来源：潘谷西. 中国建筑史［M］.
第 5 版. 北京：中国建筑工业出版社，2004）

图 2-3　河姆渡遗址复原图
（图片来源：潘谷西. 中国建筑史［M］.
第 5 版. 北京：中国建筑工业出版社，2004）

从河南偃师二里头遗址的一号宫殿来看，该宫殿遗址面阔八间且间距统一，柱列整齐，前后左右相对应，周围有回廊环绕，被认为是迄今为止发现的我国最早的木结构建筑，这说明在夏代中国的木构架水平已经有了较大的提高。

春秋时期被认为是中国木结构建筑的奠基期。由于工具和手工业的发展，涌现出了大量的成熟匠师。而瓦的普及，提高了木构架建筑的防水性能，使木构架建筑从"茅茨土阶"的简陋状态进入了比较高级的阶段。

中国木结构建筑的第一个发展高潮期是在两汉时期。从画像砖、明器等考古资料来看，到了东汉时期，后世常见的两种木构架形式，即抬梁式和穿斗式，已基本形成。作为中国古代木构架建筑最显著特征之一的斗栱，也被认为在汉代已经普遍采用。随着营造技艺的发展，在汉代，屋顶形式也逐渐丰富起来，以悬山和硬山屋顶最为普遍。但综合来看，汉代的木结构建筑在形制上还不是很统一，远未达到唐宋时期的定型化程度。

中国木结构建筑的第二个发展高潮期是在唐、宋时期。该阶段，中国的木结构建筑日臻完美，榫卯和斗栱技术也已十分成熟，中国现存最早的木构架建筑也是始建于这一时期。北宋李诫所著《营造法式》是中国古代第一部政府颁布的"综合规范"，内容涉及规划、设计、用材、营造工艺等，还规定了木结构建筑的模数制，以"材"为模数的造屋尺度标准，一直延续到了清代。

明、清时期是中国木结构建筑的最后一个高潮期。这一时期的木结构建筑多以砖砌墙，屋顶出檐减小，因此斗栱的结构作用相应降低，梁柱构架的整体性增强，构件的卷杀装饰等相应被简化。新的营造技艺被采用，如水湿压弯法，可以将木料加工成弧形的檩枋，对接包镶法，可以用较小的木料拼接成较大的建筑构件，解决了后期大规格原始木料不足的问题。清雍正十二年（1734 年）工部颁行的《工程做法则例》列出了 27 种常用的大木作法，对做法、用料和用工都作出了规定，并确定了"斗口"的尺寸模数标准，使施工速度和工程质量相比历代都有了极大的提高。[75]

2.1.2 中国木结构古建筑的基本组成

2.1.2.1 中国木结构古建筑的组成特点

中国古建筑经过数千年的发展定型，已基本形成了独树一帜的风格体系，体现了中国古代独特的建筑文化。日本建筑史学家伊东忠太对中国古建筑进行了多年的田野考察后，以"使用功能、平面布局、外观特点、装修风格、装饰花样、色彩搭配、材料和构造"七个方面总结了中国木结构古建筑的几大鲜明特点：宫室本位，坛之秀高，屋顶变化，色彩变化，手法妥当，平面形状有特色；不足之处为：手法贫乏且重复，构造体系薄弱，营造技艺粗糙。●[76]

梁思成和刘敦桢对中国古建筑的阐释是：

"我国建筑之结构原则，就今日已知者，自史后迄于最近，皆以大木架构为主体。大木手法之变迁，即为构成各时代特征之主要成分。古建筑物之时代判断，应以大木为标准，次辅以文献记录，及装修，雕刻，彩画，瓦饰等项，互相参证，然后结论庶不易失其正鹄。"❷

林徽因在分析了中国古建筑与西方建筑的相异和共性后，对"中国建筑"得出了概括和抽象的概念，提出传统"中国建筑之精神"在于两点，即"纯粹的木框架结构"和"与之密切配合的美学表达"。具体而言，包括曲面屋顶、斗栱、色彩、台基、平面布置五个方面❸。[77]

可见，中国木结构古建筑作为世界建筑体系中一套独立的系统，无论是在结构布局还是外观形态上，其组成特点都是显著的，有一套鲜明的"身份符号"（图 2-4）。归纳来看，体现在如下几个方面：

（1）在群体组合方面

建筑之间多以围合院落式布局，若干单体建筑围合成庭院，若干庭院组合成整体院落，且在空间布局上多强调中轴对称，小到一个四合院，大到紫禁城，都采用了此布局形式。

（2）在平面布局方面

中国木结构古建筑多采用长方形平面布局，四根支柱围合而成的空间为"间"，是平面度量的基本单位。长边迎面间为"面阔"或"开间"，短边纵深间为"进深"。开间数一般为单数，开间数越多，建筑等级越高，如北京故宫太和殿为面阔十一间。

（3）在建筑形态方面

以大木构架为主要结构形式，辅以雕刻、门窗格栅、外檐装饰等小木作；多采用坡屋顶，且屋顶形式多样；涂饰颜色鲜艳，等级较高的建筑多有彩画，漆饰彩画兼具保护木材和装饰等多重功能；规模较大或等级较高的建筑多有斗栱。

2.1.2.2 中国木结构古建筑的主要组成部分

中国木结构古建筑在具有上文所述的全部或部分特点的基础上，无论规模大小、等级高低，其建筑单体基本都可归纳为三部分：

● 伊东忠太.中国建筑史.陈清泉译，梁思成校.北京：商务印书馆，1937.
❷ 刘敦桢，梁思成.大同古建筑调查报告.中国营造学社汇刊，1933，4（3，4）.
❸ 林徽因.论中国建筑之几个特征.中国营造学社汇刊，1932，3（1）.

图 2-4　中国木结构古建筑的典型代表
（a）故宫太和殿；（b）北京四合院；（c）蓟县独乐寺；（d）安徽氏族祠堂

（1）台基

台基又称基座，是承托建筑物主体结构的底座，可起到保护木结构柱根不受地表潮气侵蚀的作用，还可弥补中国古建筑单体显低矮而不甚高大雄伟的视觉欠缺。按等级可分为普通台基、须弥座台基和最高级台基。

（2）梁柱或木造部分

中国古建筑的主要承重部分，是本文研究的重点，包括柱、梁、枋、檩、斗栱等构件，也称大木作，是木构架建筑比例和形体外观的决定因素。根据结构形式可分为抬梁式、穿斗式和井干式等；根据有无铺作层可分为殿阁式和厅堂式（图 2-5）。

（3）屋顶

独具特色的"大屋檐"。最显著的特征是屋顶举折和屋面起翘，可起到快速排泄屋顶积水、保护梁柱构架和斗栱的作用。后期逐步发展为建筑等级的标志，主要分为庑殿顶、歇山顶、攒尖顶、硬山顶、悬山顶等。

2.1.3　木构架的受力特点和材料要求

中国古建筑的木构架形式主要分为抬梁式、穿斗式和井干式三种类型，其中抬梁式和

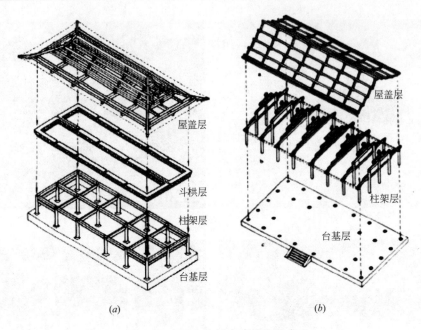

图 2-5　中国木构架古建筑的组成
（a）殿阁式；（b）厅堂式

（图片来源：潘谷西. 中国建筑史［M］. 第 5 版. 北京：中国建筑工业出版社，2004）

穿斗式应用范围较广，抬梁式多见于北方地区，穿斗式多见于南方地区（图 2-6）。无论采取何种构架形式或屋顶形式，木构架的基本受力形式是一致的，各类型构件在整个构架体系中发挥的功能也基本是一致的，不同的只是构件间的连接关系和连接位置。

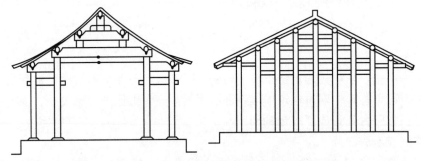

图 2-6　抬梁式构架和穿斗式构架

（图片来源：潘谷西. 中国建筑史［M］. 第 5 版. 北京：中国建筑工业出版社，2004）

从原理上说，古建筑木构架主要是柱的轴心受压和简支梁结构，局部采用斜向支撑或悬臂出挑结构。在这个受力体系中，木构件的基本受力特点就是充分利用木材顺纹抗压强度和抗弯强度都比较高的材质特性，将屋顶荷载通过梁柱体系传递到基座（表 2-2）。此外，中国木构件古建筑的两大鲜明的"身份符号"——斗栱和榫卯，也在木构架各构件之间的承载力传递中起到了关键的作用。[78] 可见，中国木构件古建筑经过上千年的发展，无论在建筑外形、构件尺寸和小木作等有何种变化，其结构上的受力原理基本是一致的，归纳来说，就是构木成架，用木柱和木梁通过斗栱或榫卯相结合，形成一个完整的结构受力构架体系。

木材各力学性能理论比例关系

表 2-2

抗压强度		抗拉强度		抗弯强度	抗剪强度	
顺纹	横纹	顺纹	横纹		顺纹	横纹
1	1/10～1/3	2～3	1/20～1/3	1.5～2	1/7～1/3	1/2～1

因此，在中国古建筑木构件，尤其是主要承重构件的木材选择方面，应满足一定的材质特性要求：

（1）柱构件木材：轴向受压构件。应选择干体通直，断面和高度的比例符合建筑尺度要求的木材。在《营造法式》中已有相关的规定：

"凡用柱之制：若殿阁，即径两材两栔至三材；若厅堂柱，即径两材一栔；余屋，即一材一栔至两材。"❶

此外，木材应完好，开裂、节疤等缺陷应控制在容许范围，截面无空洞、蚁蛀等造成的截面缺损情况。

（2）铺作构件木材：出挑受压构件，兼有装饰功能。应选择有良好受压性能且易于加工，不易开裂，没有严重变形、折断或糟朽问题的木材。

（3）梁枋构件木材：水平传力构件，主要承担并传递屋顶荷载。应选择有一定断面、尺寸大小便于开槽和钻孔、横纹抗弯强度和剪切强度较强的木材。《营造法式》中对梁枋尺寸的规定：

"凡屋内额，广一材三分至一材一栔；厚取广三分之一；长随间广，两头至柱心或驼峰心。"

此外，应无过大裂缝，尤其是梁体底部的通长纵向裂缝，无过大挠度，截面无空洞、蚁蛀等造成的截面缺损情况。

（4）檩三件木材：包括檩条、垫板、枋子。应选用材质均匀、便于加工、不易糟朽的木材。材质应无明显糟朽，裂缝和节疤等缺陷数量应在容许范围内，无过大挠度。

2.2　木结构古建筑的树种选材及其材质性能

2.2.1　结构用木材特性

2.2.1.1　木材构造

木材来源于树木，是树木的树干部分维管形成层向内分生形成的次生木质化组织的统称。从成分组成上看，木材是一种天然的有机高分子化合物，由木质素、纤维素、半纤维素组成，其成分主要为碳（约占 44%）、氢（约占 6%）、氧（约 42.5%），另含 1% 以下的矿物质、灰分和 0.5% 以下的氮。

总体来看，木材的构造和性质是有一定规律的，具有一定的共性特征。但是由于受到地理条件、气候环境和遗传因子等因素的影响，导致各树种的木材构造不尽相同，因此也

---

❶　（宋）李诫，《营造法式》卷五"大木作制度二"。

会具有不同的物理性质。这些异性的特征，有的可以通过肉眼或显微镜观测的方法获取，有的则可以利用气味、颜色、质地等信息来区分。[79] 不同树种木材的这些异性特征，是决定木材使用功能的重要因素。

2.2.1.2　结构用木材

（1）木材的构造

木材的性质是由构造决定的，木材构造一般通过微观和宏观两个方面进行分析。

1）木材的微观构造指需依靠显微镜才能观察到的木材的组织。在微观层面，木材是由大量沿木材纵向排列的管状细胞紧密结合而成，管状细胞本身又由细胞壁和细胞腔组成，细胞腔相对越小，木材的强度就越大，表观密度也越大。

2）木材的宏观构造是肉眼可直接观察到的木材组织（图2-7）。木材可分为树皮部分（包括树皮和韧皮部）、木质部和髓心。树皮部分在建筑上没有使用价值。髓心在树干中心部位，质地疏松而脆弱，易腐朽和虫蛀。木质部是木材硬度和强度的主要承载体，因此是建筑中木材利用的主要部分。

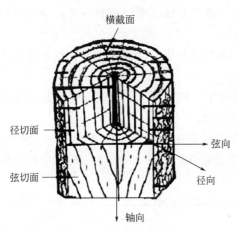

图 2-7　木材的宏观构造
（徐有明. 木材学［M］. 北京：
中国林业出版社，2006）

木材的宏观构造通常在木材的三个切面上观察，即横切面、径切面和弦切面。

横切面（Cross Section）指与树干主轴或木纹相垂直的切面，即树干的端面或横断面。除年轮之外，木材纹理的特征都暴露在这个切面上。横切面是识别木材最重要的切面，这个切面硬度大、耐磨损。

径切面（Radial Section）指顺着树干轴向，通过髓心，与木射线平行或与年轮垂直的纵切面。此切面板材收缩小，不易翘曲。

弦切面（Tangential Section）指没有通过髓心的纵切面，顺着木材纹理。

从木材的横切面上可以看到，同一年轮内，春天生长的木质色泽浅、质地较松，称为春材或早材；夏、秋两季生长的木质色泽深、质地较密，称为夏材或晚材。同样的树种，如果生长环境和生长状态不同，其材性也会不同。年轮以密而均匀为宜，晚材部分越多，木材的强度越高。从横切面上还可以看到由髓心向外呈辐射状的线，称为木射线或髓线。由于木射线处的木材之间联结较差，因此木材在干燥时容易沿木射线开裂。很多树种的横切面上，都可以根据颜色的深浅区分为心材和边材两部分。心材在内部且颜色较深，边材在外部且颜色较浅。心材由老化死亡的细胞构成，有机物多，含水率低，与边材相比不易翘曲变形。边材部分在树木生长期负责运输和贮存水分、矿物质等。

（2）结构用木材的选材要求

结构用木材是指具有可靠和稳定的材质性质和较高力学性能，可用于建筑中承重构件的木质材料[80]。由于木材是各向异性生物质材料，具有非匀质特征，其不同部位、不同方向的材质特点和受力性能都不尽相同。因此，对于结构用木材，应根据不同位置构件的受力特点和尺寸要求，选择木材的合理部位加工成构件，让木材的优点得以充分发挥，如顺纹抗压强度大，尽量避免横纹受压等（图2-8）。

作为结构用木材，应满足如下特性：树干通直，纹理均匀，节疤和扭纹少，耐虫蛀和腐朽，易干燥，不易开裂，较好的力学性能，便于加工等。在现代建筑中，结构用木材的加工和选材有着严格的标准体系，例如中国近年颁布实施的《木结构设计规范》GB50005-2003中就将承重的原木构件分为了 I~a~、II~a~、III~a~ 三个等级，并从腐朽、木节、扭纹、髓心和虫蛀等方面规定了其材质等级要求。

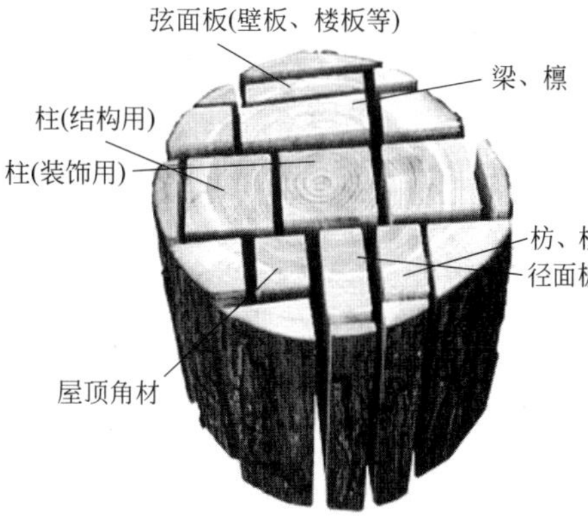

弦面板(壁板、楼板等)

梁、檩

柱(结构用)

柱(装饰用)

枋、栱

径面板

屋顶角材

图 2-8　不同构件的选材部位

（3）结构用木材的物理性能要求

木结构建筑中，对原木构件受力性能和材质特性影响较大的因素主要有三个：木材含水率；木材的湿胀、干裂和翘曲；木材的缺陷。现代木结构建筑中，通常对以上三点有明确的指标性要求，例如《木结构设计规范》中，针对原木制作的构件就有如下规定：现场制作的原木或方木构件的含水率应小于25％；应避免因木材水分快速蒸发而造成的构件木材干裂和翘曲；木材中绝对不允许有腐朽和虫蛀，带有木节、斜纹、裂缝的构件应控制使用范围和使用位置。在相当部分的木结构古建筑中，由于建造年代较久远，在当时往往对构件的木材性能没有相应的标准化要求，原木未经完全干燥处理，就直接加工成建筑构件，有的甚至在很高含水率的条件下还在表面施以彩画和油漆，从而造成构件过快地变形、开裂、腐朽，丧失结构承载力。

在我国木结构古建筑中，由于使用和构造的需求，常出现多个构件的不同切面相接触的现象。由于木材的不同切面在性质上有显著差异，会造成不同构件间变形的不协调，进而对结构的不同部位产生不同的影响。此外，在我国木结构古建筑的建造和维修中，对于木材树种的选择往往是因地制宜，随意性较大，形制等级越低的建筑，这种现象越明显。木材的早晚材差异、边心材差异均会对构件的劣化特征，乃至整个建筑的整体性能造成影响。因此，对于现存建筑而言，其材料性能差异已是无法改变的客观事实，只能通过把握其材质特性和劣化机理加以审视。

（4）结构用木材的分类

常见的结构用木材可分为针叶材和阔叶材两大类，其表观特征、材质性能和常用树种，见表2-3所示。

2.2.2　中国木结构古建筑常用树种勘查

对古建筑木构件所用木材树种的确定，是检测勘查工作的重要组成部分。作为构成大木构架体系的各类木构件，不同建筑、不同部位，其在结构体系中承受荷载的强度有很大的差异。中国幅员辽阔，南北方气候条件差异巨大，建筑营造技艺也有很大区别，因此各地常用的构件用木材也不相同。通过对古建筑木构件常用木材树种的勘查，不仅可以了解其材质性能信息和残损状况，还可获得其所携带的相关历史信息，为后期的检测勘查工作和修缮工作提供基础数据。

针叶材和阔叶材对比 表2-3

	针 叶 材	阔 叶 材
表观特征	树干一般通直高大,材质均匀,纹理平顺,且木质较软,易于加工,又被称为软木材	树干一般通直部分较短,材质较硬,较难加工,又被称为硬木材
材质性能	表观密度和胀缩变形较小,强度较高,树脂含量高,耐腐蚀性强	胀缩变形较大,强度高,纹理明显且图案美观,易翘曲和干裂等
常用树种	落叶松、红松、油松、云杉、冷杉、柏木等	榆木、桦木、杨木、柞木、楠木等
使用部位	广泛用于承重构件	次要承重构件、装饰性构件及室内装饰

现代科学认为,作为一种建筑材料,不同的木材树种,其材质性能的差别会很大,而建筑的安全耐久,就需要根据结构要求和当地气候条件选择适宜树种的木材。针对建筑中结构用木材的材质性能研究,在宋代即有之。《营造法式》中关于木材的密度和可加工性有如下论述:

"诸木,每方一尺,重依下项:黄松(寒松、赤甲松同)二十五斤(方一寸四钱);白松二十斤(方一寸三钱二分);山杂木(谓海枣、榆、槐木之类)三十斤(方一寸四钱八分)。"❶

"椆、檀、枥木,每五十尺;榆槐木杂硬材,每五十五尺(杂硬材,谓海枣、龙菁之类);白松木,每七十尺;榑、柏木、杂软材,每七十五尺(杂软材,谓香椿、椴木之类);榆、黄松、水松、黄心木,每八十尺;杉、桐木,每一百尺;各右一功。"❷

《营造法式》中提及的这些树种,无疑就是中国木结构古建筑中常用的。其部分木材特性和营造用途见表2-4。

古建筑木构件常用树种特性 表2-4

树种名称	科、属	木材特性	营造用途	常见产地
杉木	杉科杉木属	木质有光泽,有特殊香气,不易虫蛀,木材顺直,纹理中细而均匀,轻而软,强度较低,冲击韧性低,可加工性强	柱、屋架、棺椁、门窗、地板等	华南、长江以南地区
黄松 (红松)❸	松科松属	木质有光泽,含树脂多,生长轮廓清晰,有明显树脂气味,木材顺直,纹理中而匀,韧性强,耐磨性强,耐腐蚀性强,可加工性强,受碰撞不易损坏	建筑良材,广泛用于桥梁、建筑构架和室内装修	中国东北地区,日本、朝鲜
柏木	柏科柏木属	材质优良,含树脂多,有树脂气味,纹理细而均匀,耐腐蚀性强,不易蚁蛀,强度和冲击韧性一般,可加工性强	建筑构架、门窗、室内装修、棺椁、家具等	华中、华南、华东、西南等温暖湿润地区

❶ (宋)李诫,《营造法式》卷十六"壕寨功限"。

❷ (宋)李诫,《营造法式》卷二十四"诸作功限一之锯作"。

❸ 《营造法式》中所述之黄松、寒松等皆未注明其科属,本文选择与之同属松科松属,中国较为常见的红松,列举其特性。

续表

树种名称	科、属	木材特性	营造用途	常见产地
椴木	椴木科椴木属	有油脂,微有油臭味,木纹细腻,强度较小,韧性强,耐磨性强,耐腐蚀性强,不易开裂,可加工性强	家具、门窗和室内装修	东北地区、华东地区、福建、云南皆有分布
槐木	壳斗科刺槐属	木质有光泽,木材平直,纹理清晰均匀,强度和冲击韧性皆高,耐腐蚀性、耐虫蛀性能好,稳定性好,重而硬,不易加工	桩材、地板、家具	广泛分布于华北地区,甘肃、四川、云南等地也有分布
檀木	蝶形花科黄檀属	木质坚硬有光泽,香气芬芳,纹理细而均匀,色彩多样,重而硬,不易加工	高档家具	广东、云南及东南亚等热带地区
栎木(栋木)	壳斗科麻栎属	木质坚硬有光泽,生长年轮明显,纹理独特,强度和冲击韧性皆高,耐水性和耐腐蚀性强,不易加工,胶粘性好	桥梁、建筑构架、家具、地板等	黄河和长江流域皆有分布
楠木	樟科桢楠属	又称桢楠,古称金丝楠,名贵树种,有淡香,纹理直而结构细密,不易变形和开裂,耐腐蚀性极高,耐虫蛀	皇家宫殿、少数寺庙的建筑,高档家具	西南地区和中南地区等湿润中纬度地区

2004 年,故宫博物院和中国林业科学院相关研究人员对故宫武英殿建筑群的木构件进行了抽样树种鉴定。其鉴定结果也显示,武英殿的主要承重构件,包括柱、三架梁和五架梁等大木构件,主要选材树种为落叶松、云杉、黄杉和冷杉;随梁、天花梁、瓜柱等次要承重构件,主要选材树种为软木松,占到了所有同类型构件抽样总量的近80%;檩和枋构件的主要选材树种为冷杉和落叶松。此外,选材树种中还零星分布有樟木、龙脑香、甘巴豆、紫椴等不常见树种。各选材树种占整体构件抽样数的比例和占各类型构件抽样数的比例分别如图 2-9、图 2-10 所示。[81]

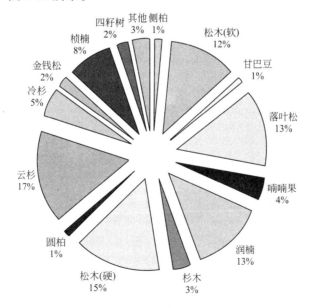

图 2-9　木构件的树种配置比例

(图片来源:"故宫古建筑木构件树种配置模式研究"课题组.故宫武英殿建筑群木构件树种及其配置研究 [J].故宫博物院院刊,2007,132(4):6-27)

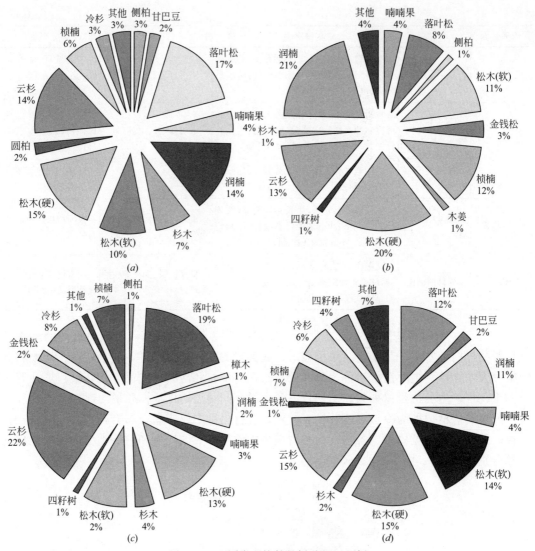

图 2-10　不同类型构件的树种配置比例

(*a*) 柱；(*b*) 梁；(*c*) 檩；(*d*) 枋

(图片来源："故宫古建筑木构件树种配置模式研究"课题组. 故宫武英殿建筑群木构件树种

及其配置研究 [J]. 故宫博物院院刊，2007，132（4）：6-27)

　　故宫武英殿建筑群木构件的树种选材，基本反映了明、清时期中国北方地区普通木结构官式建筑和民居建筑的选材规律。其特点是：主要选用当地或周边地区广泛生长、取材方便的针叶树种作为木构架主要承重构件的选材树种，兼有其他各类树种。分析原因，可能是营建过程中未进行严格的树种筛选，也可能是后期修缮中原构件被更换。可见，中国古代工匠在木结构古建筑的营建和修缮过程中，对构件树种的选择有着一定的经验积累和判断，从大量使用落叶松和云杉等力学强度较高的树种作为主要承重构件选材树种就可以看出；但同时也在选材上缺乏系统性的规范制度和选材依据，从同一类型的构件中有的选材树种多达十几种就可以看出。

　　此外，从不同地区的古建筑现场勘查和史料分析来看，中国木结构古建筑的选材树种还包括：山西、河北地区多见榆木、杨木、大叶青冈等；长江中下游地区如浙江、安徽南部等，多见杉木、松木、银杏、樟木等，如皖南徽州地区就广泛生长杉木，历史上有"微歙杉不为州"之说。[82]

2.2.3　中国古建筑木材树种选用的参考因素

在中国古建筑木构件的树种选材上，常根据建筑的形制等级、树种特性、地域气候条件和构件使用部位等因素综合考虑，确定所需要使用的树种。主要从以下几个方面考虑：

2.2.3.1　就地取材

中国地大物博，南北方气候差异巨大，不同地区的地形、地貌、自然物质条件皆有所不同。因此，中国大部分普通官式建筑和民居建筑，在构件树种的选择上采用因地制宜、因材施用的原则。究其原因，一来取材、运输方便，二来木材树种的习性适应当地的气候条件，不易产生残损缺陷。如小叶杨，其生长喜光，不耐庇荫，耐旱，固土抗风能力强，且生长迅速，适应性强，广泛分布于华北地区的山西、陕西、河北、河南等省，因此成为当地主要的建筑构件用材。

2.2.3.2　受力性能

不同树种的木材，其各项力学性能差异很大，木材密度、含水率、纹理方向、缺陷等因素都会影响木材的力学性能。木结构古建筑中的主要受力构件，如柱、梁、枋等，都需要长时间经受持续的荷载，因此，在选材时，应针对其受力部位，相应选择力学性能好的树种木材。例如木材中的木质素含量对其顺纹抗压强度有很大的影响，而一般针叶材的木质素含量比阔叶材要高，因此古建筑中的大木构架普遍选择针叶材树种，如落叶松、硬木松、云杉、冷杉等。

此外，由于历朝对原木大材的过度砍伐，到清代时，在一些官式建筑的营建中，很多大尺度的受力构件已经无材供应。因此，自清代开始大量采用包镶、拼接的方式人工制作大尺度的建筑构件，主要为柱子、梁枋等主要承重构件，以满足其受力需求和尺度要求（图 2-11），如北京太和殿和承德普宁寺中都有构件采用了包镶或拼接的做法。[83]

图 2-11　拼接构件做法

（图片来源：土其钧.中国建筑史［M］.北京：中国电力出版社，2012）

图 2-12　天坛祈年殿的金丝楠大柱

2.2.3.3　形制等级

中国早期的宫殿建筑的取材也是遵循就地取材的原则，而自秦汉以来，皇家建筑就已突破地域的限制。中国历史上将楠、樟、梓、楸并称为四大名木，这其中又以楠木居少，更显珍贵，因此楠木中的桢楠（俗称金丝楠）逐渐成为皇家建筑的首选用材（图 2-12）。这固然是由于金丝楠具备作为结构用材的诸多优良特性，如干体通直、纹理细腻、枝杈少、节疤少、不腐不蚀、硬度适中、便于加工等，而更重要的原因则是"物以稀为贵"，为了满足凸显皇权尊贵的需要，明代起皇家就专门设有金丝楠的置办部门，金丝楠也作为贡品进贡献予皇家，且明、清两代均严格禁止普通百姓使用金丝楠，清嘉庆年间，和珅就因私用楠木建房，被施以"僭越逾制"的罪状。

2.3　影响木构件耐久性的因素

任何建筑材料都会在使用的过程中经受各种破坏因素的作用，木材也不例外。影响建筑材料耐久性的因素通常分为内部因素和外部因素两部分。内部因素包括由材料本身的组成特性造成的结构不稳定、膨胀不均匀、产生化学生成物等情况；外部因素包括材料所处的环境条件，如日照、介质侵蚀（空气、水分、化学元素）、冻融循环、机械摩擦、荷载疲劳、电化学反应、菌虫寄生、人为损伤等。[84] 对木材而言，作为生物质材料，影响其耐久性的往往是内部因素和外部因素的共同作用，二者之间也是互相影响的。例如木构件的失效一般是由于腐朽、老化等内部因素造成的力学性能降低，但环境的温湿度、水分和养分含量等外部因素又直接决定了腐朽菌群的生长和繁殖条件。影响木构件耐久性的因素见表 2-5。

影响木构件耐久性的因素　　　　　　　　　　　　　　　　　　表 2-5

	自然因素		人为因素
	偶发型	长期型	
内部因素	—	木材老化与腐朽	营造质量,构造体系,基地状况
外部因素	地震,台风,洪水,雷电	虫蚁蛀,紫外线,风蚀,酸雨	日常磨损,不当修缮,战争破坏,超荷载

2.3.1　生长缺陷

由于遗传因子、生长环境等因素的综合作用，会使树木产生生长缺陷，木材的生长缺陷主要包括节子、伤疤、形状缺陷、应力木等。可以说，任何健康的树木都可能存在局部的生长缺陷，这些缺陷会对结构用木材的质量产生很大的影响，影响的范围包括外观观感、力学强度、耐久性等方面，如果生长缺陷位于构件的关键受力部位，则影响会更加严重。

以节子为例，节子是对木材材质性能影响最大的生长缺陷（图 2-13）。其造成的影响是：①在节子周围，木材纹理产生局部紊乱，且颜色较深，会破坏木材外观的一致性，影响其美观；②节子的硬度非常高，且主轴方向一般偏离树干的主轴方向，从而增大加工的难度，而且极易造成加工刀具的损伤；③由于节子的密度和纹理方向与周围正常的木材组织不同，在含水率降低时，会造成节子附近产生裂纹，死节脱落，破坏完整性；④节子会降低木材的顺纹抗拉强度、顺纹抗压强度和弯曲强度，而这三者恰恰是结构用木材最为关键的材质性能指标。[85]

图 2-13　木构件中的节子缺陷

2.3.2　环境气候因素

古建筑所处地区大的环境气候和局地小气候都会对木构件的耐久性能产生影响，包括温湿度、紫外线、酸雨、季风等。

2.3.2.1　温湿度的影响

一般情况下，木材的各项强度指标会随环境温度的升高而降低。当温度从 25℃ 升高到 50℃ 时，针叶材的抗压强度一般降低 20%～25%，抗拉强度一般降低 10%～15%。在木材长期处于 60～100℃ 的情况下，由于组织中水分的蒸发，各项强度指标会明显下降，而且由于气温的变化会使木材吸收的水分冻结或融化，会造成开裂变形增大。

木材所处的湿度环境主要由雨水和空气中的湿气组成。湿度条件的变化可以影响木材含水率的高低，而作为亲水性材料，木材中的水分不仅会在光化学反应中起到催化剂的作用而使风化速度加快，还能够对木材中微生物的生长繁殖产生重要的影响。温度和含水率对木材顺纹抗拉和抗压强度的影响规律如图 2-14 所示。

由于木结构古建筑长期处于变化的环境中，受温湿度变化的影响非常明显。开裂现象是古建筑木构件由于环境温湿度变化而出现的最常见的残损形式，如大梁劈裂、柱身开裂、柱头受压劈裂、普拍枋开裂等，有时构件的开裂还会造成榫卯连接的松动。这些现象

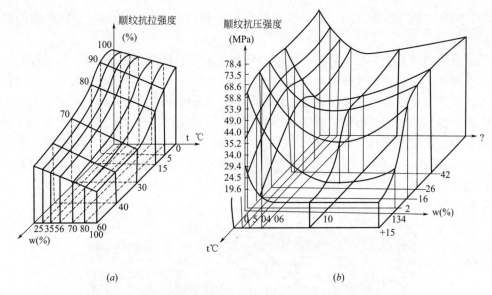

(a)   (b)

图 2-14 温度和含水率对木材强度的影响

的出现不仅会在结构外观上造成一定的影响，还会引起木构件承载能力的降低，例如柱头劈裂可能会造成柱头受压翘曲破坏，大梁劈裂可能会加剧梁身的纵向裂缝，榫卯连接松动可能会造成拔榫现象，从而危害整个结构的安全。

2.3.2.2 紫外线的影响

木材的化学构造决定了它能够很好地吸收太阳光。太阳光线的波长范围为 300～1200nm，其中波长在 400nm 以下的为紫外线，波长 400～700nm 的为可见光，波长在 700nm 以上的为红外线，紫外线对木材表面风化造成的影响最大。木材中的木质素成分具有极易吸收紫外线和可见光的芳香核结构，在 280nm 波长附近吸收能力最强。因此，太阳光长时间照射到木材表面，会引起光化学反应，使木材发生变色和分解，造成木材的表面风化（图 2-15）。[86]

图 2-15 木构件的表面风化

2.3.2.3 酸雨的影响

酸雨的学名为大气污染的酸性沉降物，指的是 pH 小于 5.6 的雨水、冻雨、雪、雹、露等大气降水。酸雨对金属、石材、木材、混凝土等建筑材料均有很强的腐蚀性。对于木材，有研究指出，pH 为 3.0 的雨水对木材造成的风化速度比 pH 为 7.0 的雨水要快约 10%。酸雨不仅会加速木材中纤维素和半纤维素的老化，使木材膨胀，继而令木材半纤维素中的多糖酸水解，还会使木材颜色变黑，表面产生小凹坑。长时间的酸雨侵蚀，会对木构件产生显著的影响，降低其力学性能，严重破坏其结构承载力。[87]

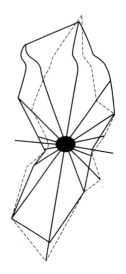

图 2-16　北京地区风玫瑰图

2.3.2.4　季风的影响

中国中东部地区都处于温带和亚热带季风气候带。季风性气候的显著特点就是夏季受来自海洋的暖湿气流影响，高温、潮湿、多雨，多东南风；冬季受来自大陆的干冷气流影响，气候寒冷，干燥少雨，多西北风，例如北京地区的全年风向频率如图 2-16 所示。季风性气候对古建筑木构件耐久性的影响主要体现在两个方面：

（1）雨热同期加速腐朽

上节中已经阐述，温湿度对木构件的耐久性会产生较人影响，而且适宜的温湿度和空气环境还是木材腐朽菌生长和繁殖的"天堂"。因此，夏秋两季受东南季风影响，盛行南风和东南风，使古建筑中东、南两面的构件会遭受更加严重的雨水冲刷，如遇排水或通风不畅，则极易引起木构件的腐朽变质。

（2）干冷同期加大火灾隐患

中国中东部地区冬春干燥多风且寒冷，取暖需求旺盛，而木材又是一种易燃材料，如用火不慎，极易引发火灾，加之天干物燥，将加速火灾的蔓延。很多木构件由于年代久远，含水率极低且木质疏松，自身空隙较多，既容易受热，又能够分解出可燃气体，因此会大大加快木材燃烧的速度。

2.3.3　持续荷载效应因素

木材是一种在荷载作用下兼具弹性变形能力和塑性变形能力的黏弹性材料。木材在超过强度极限外力的长期作用下，会产生等速的蠕滑，发生蠕变变形，经过长时间累积，会产生连续变形从而降低其承载能力（图 2-17）。木材的这种在长期荷载作用下强度随时间降低的现象称为木材的持续荷载效应（Duration of Load，简称 DOL）。大量试验结果表明，长时间的超负荷持续荷载会令木材内部产生组织纤维变形而造成缺陷，从而引发材质性能各项指标的降低，因此，理论上，超负荷使用的木材，其长期承载力远低于短期承载力，见表 2-6。一般将木材在长时间持续荷载作用下不被破坏的最大强度称为持久强度，通常木材的持久强度仅为极限强度的 50%～70%。[88] 古建筑中的任何木构件都处于某一种受力形式的持续荷载状态下数十年甚至数百年，因此，如果构件的树种选择不合理，或工程设计不合理，或因各种原因造成的构架体系变形和构件残损等情况，都可能会造成构件的持续荷载效应，使构件内部产生缺陷而被破坏。例如故宫太和殿两山墙面柱间扶坨木梁端的燕尾榫落差达 10～11.5cm，并且扶坨木由于变形过大，已在中间加了支顶。类似情况在木结构古建筑中还有很多，因此，持续荷载效应是影响木构件安全性能的重要考虑因素之一。

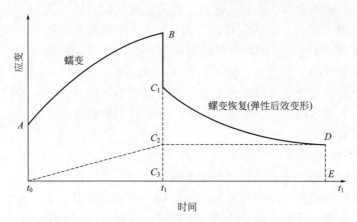

图 2-17　木材的蠕变曲线

（图片来源：徐有明.木材学［M］.北京：中国林业出版社，2006）

长期持续荷载对木材力学性能的影响规律　　　　　表 2-6

力学性能	瞬时强度(%)	当荷载为以下天数时,木材力学性能的衰减比例(%)				
		1	10	100	1000	10000
顺纹抗压强度	100	21.5	26.5	33.3	29.8	45.8
弯曲强度	100	21.4	27.4	33.2	39.1	45.0
顺纹抗剪强度	100	26.8	34.0	41.5	48.8	56.2

2.3.4　含水率变化因素

木材内部含水率变化的不均匀，会使得木材内部产生内应力而发生膨胀和收缩，当应力不平衡时就会造成开裂和翘曲等缺陷。含水率是木材重要的物理性质之一，当木材的含水率在纤维饱和点以下时，随着含水率的降低，吸附水减少，细胞壁趋于紧密，木材强度增大，反之则强度减小。

木材的含水率在纤维饱和点以下时，其胀缩效应随含水率的变化最为明显：吸湿造成明显的膨胀变形，蒸发则造成明显的收缩变形。通常情况下，木材的纤维饱和点含水率在23％～33％之间，而古建筑木构件的含水率则根据使用年限的不同而差异很大，使用年代较久远的旧木构件含水率往往低于10％，因此，即使微弱的含水率变化也会使旧木构件产生裂缝。木材的干缩率随方向、部位和树种的不同而不同，顺纹方向干缩率最小，径向次之，弦向最大；髓心木质部干缩率较大；密度大、晚材多的树种干缩率大。[89]

2.3.5　虫蛀与微生物侵蚀因素

木材害虫主要是食材性昆虫和食菌性昆虫。木材的含水率不一样，蛀入产卵的害虫种类也不相同，这其中又分为湿材害虫和干材害虫，二者通常以木材的纤维饱和点为界限。因此，对于大部分古建筑木构件而言，威胁最大的是干材害虫。干材害虫在木材中蛀食后形成蛀道，深度在10mm以上的大蛀道或深而密集的小蛀道，不仅会严重破坏木材的完整性，降低其力学性能，还会成为腐朽菌群进驻的重要通道（图 2-18）。

图 2-18　木构件的腐朽和虫蛀

（图片来源：徐有明. 木材学［M］. 北京：中国林业出版社，2006）

　　微生物侵蚀是木材腐朽的主要原因之一，造成腐朽的微生物通常是真菌。真菌分为霉菌、变色菌和腐朽菌，其中寄生在木材细胞壁中的腐朽菌对木材的影响最大。腐朽菌通过分泌一种酵素，把细胞壁分解为供其生存的养分，从而导致木材的腐朽，严重时甚至会彻底破坏。

　　真菌在木材细胞中生存和繁殖通常需要具备三个条件：适宜的湿度、温度和氧气含量。当木材的含水率在 35%～50%，环境温度在 25～30℃，又有充足的空气时，最适宜腐朽菌的生存和繁殖，木材也最易腐朽。因此，预防木材腐朽的有效途径就是破坏或抑制腐朽菌生存所必需的条件，当木材含水率低于 20%，环境温度高于 60℃时，腐朽菌就不能生存和繁殖了。通常情况下，环境温度高于 60℃基本不可能实现，因此，预防木构件的腐朽，最主要的途径就是控制其含水率，并注意通风和除湿，另外，也可使用化学溶剂的防腐方法。

　　与真菌相比，细菌对木结构建筑的损害要轻得多。细菌将木材细胞壁侵蚀出孔洞，在对真菌不利的环境中（如缺氧环境），细菌照样可以生长。细菌和真菌同时危害，会加速木材的降解。细菌的危害一般只使木材强度有较小幅度的降低，但有可能会使木材变色。

2.3.6　人为因素

　　在木构件的生产加工和修缮过程中，人为的不当操作往往也会直接或者间接地造成木材的缺陷，从而降低构件的耐久性。例如在中国木结构古建筑的修缮工程中，铁件加固是常用的构件修缮手法，其初衷是好的，对构件进行补强，提高构件的力学强度，以期延长其使用寿命，但有时却可能适得其反。铁质加固构件在长期的酸雨腐蚀过程中会释放出三价铁离子，严重破坏木材的细胞壁组织，使木构件在铁件加固的接触部位颜色变深甚至变黑，木质变软，从而导致材质性能降低（图 2-19）。

图 2-19　木构架的铁件加固

此外，人类战争对古建筑构件的破坏也不容小觑。例如应县佛宫寺释迦塔，其本身就坐落于历史上中原和北方少数民族相互争夺的"拉锯"地带，战乱频繁，虽得以保留，但也留下了明显的战争痕迹，造成了严重的创伤。木塔三层就曾因遭受炮击而造成柱头枋撕裂、柱脚榫断裂等构件伤痕[90-91]。

2.4　木构件的常见残损缺陷状况

木材学中，将存在于木材中的影响木材质量和使用功能的各类缺陷统称为木材缺陷，《原木缺陷》GB/T155-2006 中将木材的缺陷分为节子、裂纹、干形缺陷、木材结构缺陷、由真菌造成的缺陷、伤害六大类。[92] 这些缺陷的成因各不相同，本书前节已作了介绍，有木材自身的生理原因，也有特定外部环境下形成的病理原因，还有因不当人工处理造成的人为原因。针对古建筑木构件，《古建筑木结构维护与加固技术规范》GB50165-1992 中采用的是"残损点"的概念，残损点的界定依据是承重构架中的某一构件、节点或部位已经处于不能正常受力、不能正常使用或濒临破坏的状态。古建筑中木构件的残损也可看作是木材在长期处于不利外部环境的条件下而引发的各类内部材性或外部形态的缺陷变化。

综合来看，绝大部分构件残损点都是由于木材的各类缺陷而造成的，将木材缺陷和构件残损点建立相互对应的关系，是确定构件残损原因的基础。表 2-7 综合对比了《原木缺陷》和《古建筑木结构维护与加固技术规范》的相关规定，对二者关系进行了列举分析。

木材缺陷和构件残损的对应关系　　表 2-7

缺陷类型	分类	对材质的影响	残损点评定界限
节子	表面节、隐生节、活节、死节、漏节	破坏木材的均匀性和完整性，使木材力学性能降低，加工困难	承重构件：①在构件的任一截面（或沿周长）任何 150mm 长度所有木节尺寸的总和大于所在截面宽（或所在部位原木周长）的 2/5（Ⅰ等材）或 2/3（Ⅱ等材）；②每个木节的最大尺寸大于所测部位原木周长的 1/5（Ⅰ等材）或 1/4（Ⅱ等材）；③不允许有死节 铺作构件：不得有木节和裂缝
裂纹	端裂、纵裂	降低木材的力学性能，尤其是贯通型裂纹；木腐菌易由裂缝处侵入，引起腐朽和变色	承重构件：①在连接的受剪面上存在裂缝；②在连接部位的受剪面附近，裂缝深度大于构件直径的 1/4（Ⅰ等材）或 1/2（Ⅱ等材） 屋盖结构：不得有脱榫、劈裂或折断
干形缺陷	弯曲、树包、根部肥大、椭圆形、尖削	弯曲降低木材的强度，影响木材出材率，多向弯曲较单向弯曲影响更大	柱：弯曲矢高 $\delta > L_0/250$； 梁：竖向挠度最大值 ω_1，当 $h/l > 1/14$ 时，$\omega_1 > l^2/2100h$；当 $h/l \leqslant 1/14$ 时，$\omega_1 > l/150$

续表

缺陷类型	分类	对材质的影响	残损点评定界限
木材结构缺陷	扭转纹、应力木、双心或多心木、偏心材、偏枯、夹皮、树瘤、伪心材、内含边材	扭转纹降低木材强度,对顺纹抗拉强度、弯曲强度、抗冲击强度等影响较大 应压木(针叶材)提高木材顺纹抗压强度和弯曲强度,降低顺纹抗拉强度和冲击韧性,纵向干缩增大会造成开裂和翘曲,减小会损害外观 应拉木(阔叶材)提高木材顺纹抗拉强度和冲击韧性,降低顺纹抗压强度和弯曲强度,增大干缩,造成开裂和翘曲	斜纹在任何 1m 材长上平均倾斜高度大于 80mm(Ⅰ等材)或 120mm(Ⅱ等材) 生长轮平均宽度大于 4mm
由真菌造成的缺陷	心材变色及条斑、边材变色、窒息木、腐朽、空洞	使木材有效承载截面衰减,严重影响木材的物理性质、力学性能,使木材重量减轻,吸水性增大,强度和硬度降低	柱:在任一截面上,腐朽和老化变质所占面积与整截面面积之比 ρ:①当仅有表层腐朽和老化变质时,$\rho>1/5$;②当仅有心腐时,$\rho>1/7$;③当同时存在以上两种情况时,不论 ρ 大小,均视为残损点 梁:①当仅有表层腐朽和老化变质时,$\rho>1/8$;②当仅有心腐时,不论 ρ 大小,均视为残损点 屋盖构件:已成片腐朽
伤害	昆虫伤害(虫眼)、寄生植物引起的伤害、鸟眼、夹杂异物、烧伤、机械损伤	表面虫眼和虫沟对木材的利用影响不大;深度 10mm 以上的大虫眼和密集小虫眼及蜂窝状孔洞,破坏木材完整性,使木材力学性能和耐久性降低,并且是引起木材变色和腐朽的通道	柱和梁:有虫蛀孔洞,或未见孔洞,但敲击有空鼓声 屋盖构件:已成片虫蛀

　　此外,木构件的残损点除了木材自身缺陷外,还包括各构件之间的连接损坏和不当的人为修复,如柱脚和柱础的承抵状况、檩和椽之间的连接关系、历次加固修缮现状、木构架整体或局部的倾斜等。[93-94]

2.4.1　屋架构件的常见残损类型

　　木结构古建筑中,主要的屋架构件包括椽、檩、瓜柱、驼峰、翼头、檐头、由戗等。木屋架结构之上的屋面层多为瓦面,即由若干片瓦组合而成,瓦与瓦之间的依靠灰泥粘接并勾缝。所有瓦的结瓦工作都是由人工操作完成,因此人为因素很可能导致瓦面漏雨,危及下层的屋架结构。屋面漏雨的表现有多种,常见的一种现象称为"尿檐",即屋面任何部位的雨水,通过缝隙流到瓦面之下,沿灰背继续下流,最终汇集到檐头部位,造成瓦口、连檐、飞檐头及檐头望板糟朽。另外,柱子糟朽、下沉也会引起屋面变形、檐头下垂等,进而使构件受力不均而劈裂。综上,屋架层的残损点主要表现为构件的腐朽和虫蛀,檩和椽连接处未钉钉或钉已锈蚀,椽和檩的挠度变形,瓜柱的倾斜、脱榫或劈裂,檐头的下垂或折断等(图 2-20)。❶

---

　　❶　本节中部分木构件残损示例图片引自中华社会救助基金会拯救古建公益基金发起人之一唐大华的"爱塔传奇"新浪博客(http://blog.sina.com.cn/aiguta)。

图 2-20　屋盖构件常见残损点形式
（a）椽头腐朽；（b）檩端折断；（c）翼角下垂；（d）瓜柱歪闪

2.4.2　铺作构件的常见残损类型

木结构古建筑中，铺作构件即为斗和拱及其附属构件。斗拱由若干拱、昂、翘、斗等组合在一起，作用是将屋顶及梁架的荷载集中传递给柱子，因此是一组受力复杂的传导构件。在力的传递过程中，最常见的残损是拱和翘相交处被压劈裂或折断，柱头及转角斗拱因受力集中也容易被破坏。通常情况下，斗的残损多属顺纹受压破坏，而拱的残损多属于横纹受压破坏。综上，铺作层的残损点主要表现为整攒斗拱的明显变形或错位，拱翘折断、小斗脱落，大斗明显压陷、劈裂、偏斜或移位，斗拱木材发生腐朽、虫蛀或老化变质，柱头或转角斗拱有明显破坏等情况（图 2-21）。

2.4.3　承重梁柱构件的常见残损类型

木结构古建筑中，主要的承重构件包括柱、梁和枋等。古建筑中的柱子，有些是露明的，有些则是包砌在墙体之中的，由于古代施工工艺缺乏有效的防潮措施，加之墙体的砌

图 2-21 铺作构件常见残损点形式
（a）斗栱整体变形；（b）大斗压裂；（c）昂头腐朽；（d）转角斗栱破坏

筑材料自身又有吸附空气中水分或地表水分的特点，使得包砌在墙体内的柱子相较于露明的柱子更易糟朽。木柱的糟朽，一般从柱根和表面开始，由外及内、由下而上，逐步发展。木柱的糟朽并不是均匀分布的，受朝向的影响较大，通常情况下，受雨水侵蚀的墙体（如东墙、南墙），墙内的柱子更易糟朽，而这些位置柱子的糟朽，往往会引起一侧的柱子下沉，从而导致建筑物的整体歪闪倾斜。

古建筑中的梁、枋等均属于抗弯构件，通常面临的残损问题是由于长期负载而导致的裂纹和变形。梁容易产生裂纹的位置：一种情况是在癖病（如木节、涡轮）周围产生；另一种情况是在梁内部的应力复杂、在长期受力作用下木材强度降低的部位。

综上，承重梁柱的残损点主要表现为材质腐朽造成的有效截面降低，柱（梁）身虫蛀、柱（梁）身木材生长缺陷，弯曲或挠度变形，断裂、劈裂或压皱等柱（梁）身损伤，历次加固造成的不良现状等情况（图 2-22）。

图 2-22 承重梁柱构件常见残损点形式

（a）柱根糟朽；（b）柱身虫蛀；（c）柱身节疤；（d）柱表风化；（e）柱身开裂；（f）人为伤痕

图 2-22　承重梁柱构件常见残损点形式（续）

（g）柱身缺损；（h）梁中腐朽；（i）梁头风化；（j）梁体开裂；（k）梁体卜挠；（l）梁身断裂

2.5　本章小结

本章通过宏观、中观和微观相结合，利用建筑学、木材学、土木工程等多学科研究成果，对古建筑木构件的相关基础理论进行了分析研究。

宏观层面——对木结构古建筑的研究。本章简要介绍了中国木结构古建筑的发展历程和特点，包括木结构古建筑的起源、分类、定型及历史上的三个发展高潮期，木结构古建筑各组成部分的名称及组成特点等内容。

中观层面——对结构用木材的研究。对木材特性的深入分析，是研究木构件相关问题的关键基础前提。本章在简要介绍了木材构造和各项异性特征、结构用木材的分类、选材使用要求等的基础上，着重分析了中国木结构古建筑中常用的选材树种，包括各常用树种的木材特性、营造用途和常见产地等基础资料，并分析了在营造和修缮过程中对构件木材树种选用的参考因素。

微观层面——对木构件残损类型及成因的研究。本章首先研究了影响木构件耐久性的各种因素，根据不同类型和成因，可分为内部因素和外部因素，长期性因素和偶发性因素，自然因素和人为因素。在此基础上，综合对比分析了《原木缺陷》中对木材缺陷的规定和《古建筑木结构维护与加固技术规范》中对构件残损点的规定，建立两者的对应关系。最后列举介绍了不同构件的常见残损类型。

第 3 章　木构件无损检测方法优选

现代科技手段应用于历史建筑保护工作，是时代发展的大方向。将现代检测技术手段，具体而言，就是无（微）损检测技术，应用于对古建筑木构件进行勘查、分析和评定，也正是本书的论述重点。

在进行保护和修复工作之前，掌握症结所在，方能对症下药，因此，合理适用的检测技术与设备是下一步工作开展的基础。无损检测设备的科技含量，在一定程度上也反映了一个国家的工业发展水平，而对各类检测的操作熟练程度和数据分析能力，同样也是检测工作充分发挥其优越性的关键，否则，只能是"画蛇添足"，事倍功半。

无损检测技术（Non-destructive Testing）又称非破坏性检测或无损探伤，指的是以无损或微损的可靠性方式，对材料或制件进行形状特征测量、内部缺陷检测、材质性能评定（化学成分、力学性能、组织结构等）等操作，获取相关信息数据，并基于此就材料或制件是否适宜于某特定应用而作出评价的一门技术方法。[95] 换言之，即在不破坏被测物体原有状态和化学性质的前提下，利用超声、射线、电磁和红外等原理特性，对零件、构件、设备等进行缺陷、材性、物理参数检测的技术手段的统称。无损检测技术应用的行业很广泛，从航空零件检测到食品安全检测，从生物质材料检测到城市地下管网检测，皆有其"大展身手"的空间。无损检测所适用的材料对象包括金属材料（钢、铁、铝、合金等）、陶瓷、玻璃、聚合物、混凝土、木材、复合材料等，几乎涵盖了所有的工程材料领域，甚至在医院中常见的用于人体器官的 CT 和 B 超等，也可归于无损检测的范畴。

不同的行业，不同的被检对象，因其所需要获取的检测信息不同，对无损检测的技术原理和设备选择的要求也大相径庭。由于各种检测方法都具有一定的特点，为提高检测结果的可靠性，应综合考虑设备材质、制造方法、工作介质、使用条件和失效模式，预计可能产生的缺陷种类、形状、部位和取向等多种因素，合理选择适宜的无损检测设备及方法。任何一种无损检测方法都不是万能的，每种方法都有其优缺点，在具体操作过程中，应尽可能综合运用多种检测方法，互相取长补短，以提高检测数据的精确度，保障检测设备的安全运行。

对于木材而言，最早的木材无损检测是针对活立木和木材制品开展的，主要是对木材的生长特性、物理力学性能、木材缺陷等进行信息采集，后来逐渐应用于木结构建筑的残损勘查工作。针对木结构古建筑保护工作而言，其首要任务就是在保留建筑遗产所携带的原真性价值的原则下，最低程度破坏，最大程度快速并准确地获取构件信息。具体而言，即通过无损检测，在非破坏的前提下检测木构件中是否存在残损缺陷或不均匀性，精确给出缺陷的大小、位置、性质和数量等信息，并测定其残损材质性能，进而判定其所处技术状态，为下一步的保护和修缮工作提供依据。

因此，充分调研现有无损检测技术的种类，了解其基本工作原理，验证其各自的适用性和局限性，并结合木结构古建筑现场检测工作的特殊要求，筛选出适宜的检测手段与设备，规范其使用范围和操作流程，在现阶段工作中是相当必要的。

3.1 常用木材无损检测方法及其原理

常用的无损检测主要有五种：振动波检测（Vibration Testing）、射线检测（Radiographic Testing）、磁粉检测（Magnetic Particle Testing）、渗透检测（Penetrant Testing）、涡流检测（Eddy Current Testing）。从相关研究文献来看，应用于木材的无损检测技术多是基于振动波原理和射线原理而形成的，如超声波检测、应力波检测、微波检测、核磁共振检测、X射线检测等，主要用来勘测木材的材质性能、木材残损缺陷、木材生长特性等，不同的检测技术的适用范围见表3-1。[96-98] 此外，专门应用于木材的无损检测方式还有微钻阻力检测和皮罗钉（Pilodyn）检测等。

不同无损检测技术的适用范围　　　　　　　　　　　　　　表 3-1

	木材材质性能	木材残损缺陷	木材生长特性
振动法	√	√	—
超声波法	√	√	√
应力波法	√	√	—
核磁共振法	—	√	√
射线法	√	√	√
微波法	√	√	√
皮罗钉法	√	√	—
微钻阻力法	√	√	√

（1）应力波检测

应力波检测的基本工作原理是基于木材的声学特性而形成的，即在木材表面的某一点施以机械敲击作用时，就会在木材内部产生应力波（机械波）的传播（图3-1）。应力波检测仪就是基于该原理，利用特定的感应探针发射和接收在木材中传播的应力波振动波束，测定两个感应探针间的传播时间，以此判断木材的材质性能和内部残损情况，如空洞、腐朽及计算木材的弹性模量等。[99-100] 应力波检测技术综合了计算机技术、传感技术、图像处理技术的发展成果。目前，较常使用的应力波检测设备有：FAKOPP 3D Acoustic Tomograph、FAKOPP Microsecond Timer（匈牙利），PICUS Sonic Tomograph ARBOTOM（德国）等。

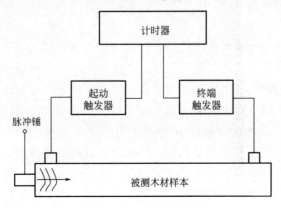

图 3-1　应力波检测原理

　　基于应力波原理而开发的检测设备有单路径应力波检测仪和多路径应力波检测仪两类，二者工作原理相同，但适用范围和显示状态不同（图 3-2）：①单路径应力波检测仪仅有两个感应探针（如 FAKOPP Microsecond Timer），分为一个击发点和一个接收点，通过敲击得到两点之间的应力波传播速率值，通过速率值的衰减分析木材的材质性能和内部残损状况，但因缺乏直观性，在实际操作中一般只适用于木材的材质性能检测（图 3-3a）。②多路径应力波检测仪通常有多个感应探针（如 FAKOPP 3D Acoustic Tomograph 最多可以安装 10 个感应探针），且每个感应探针既可作为击发点，又可作为接收点。通过敲击所有的感应探针得到所有路径应力波传播速率值的矩阵模型，通过软件识别，以模拟图样的形式，将抽象的速率数值与直观的色彩图像建立起关系，图中不同的应力波速率对应不同的显示颜色，不同的显示颜色指代不同的材质情况，使检测结果更具直观性，因此更适宜于对木材残损缺陷的检测（图 3-3b）。

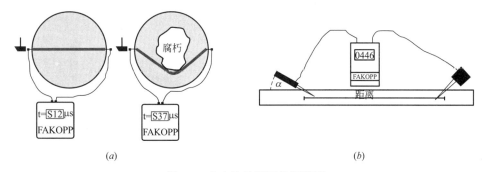

（a）　　　　　　　　　　　　　　　　　　　　　（b）

图 3-2　应力波的不同检测类型

（a）多路径对残损缺陷的检测；（b）单路径对材质性能的检测

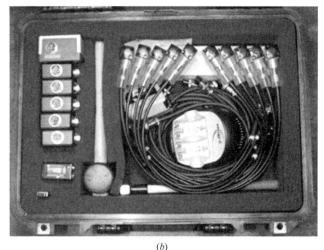

（a）　　　　　　　　　　　　　　　　　　　（b）

图 3-3　应力波检测设备

（a）单路径检测仪；（b）多路径检测仪

（2）超声波检测

　　超声波的工作原理与应力波类似，都属振动波检测范畴。人耳一般能听到的声波频率范围是 20～20000Hz，因此，频率高于 20000Hz 的声波被称为超声波。超声波一般在弹性介质中传播，具有指向性好、穿透力强的特点，广泛应用于工业、医学、军事等领域，是距离检测、速率检测、清洗、碎石等常用的手段。超声波应用于木材检测基于其两个主要特征：①超声波在不同介质的界面上会发生反射、折射和波形转换，因此可以通过获取缺陷界面反射回波的方式来达到探测内部缺陷的目的；②振动波在木材中的传播速率，可以用来预测其弹性模量。目前，我国的超声波检测设备工艺水平较为成熟，可选择的设备也较多，根据检测目的的不同，常分为超声波泄露检测仪、超声波厚度检测仪、超声波探伤仪、非金属超声波检测仪等（图 3-4）。

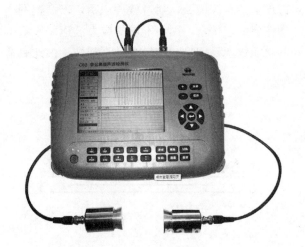

图 3-4　非金属超声波检测设备　　　　　　图 3-5　X 射线探伤设备

（3）射线检测

射线检测通常分为 X 射线检测、γ 射线检测、中子射线检测和高能射线检测，目前较为常用的是 X 射线检测和 γ 射线检测。X 射线检测主要用于材料测试、食品检测、医学检测、考古、建筑结构探伤等领域（图 3-5）。X 射线能够穿透可见光不能穿透的物体，其检测原理是基于 X 射线在透过被测物体时会发生吸收和散射的特性形成的，当射线通过物质时，会与物质发生复杂的物理和化学作用，可以使原子发生电离，也可以使某些物质产生光化学反应，因此，当被测物体存在材质性能差异或内部缺陷时，通过特定的检测设备（如感光胶片）来检测透射射线的强度，即可准确判断被测物体内部的材质性能和缺陷的面积、位置等信息。[101]

X 射线具有辐射性，会对人体健康产生危害，因此在检测作业中，需要遵守安全操作规范，做好必要的防护措施。此外，X 射线探伤设备的工作电压往往高达数万伏至数十万伏，检测作业时应注意高压危险。

（4）微钻阻力检测

微钻阻力检测是将一根直径约 1.5mm 的钻针，依靠电机驱动以恒定的速率钻入木材的内部，通过阻力值的大小变化反映出木材的密度变化，并形成检测路径上的阻力曲线。通过对阻力曲线的分析，即可得到木材的早晚材密度情况，是否存在腐朽、裂缝、空洞等残损。微钻阻力检测在单路径上的结果，其数据能真实准确地反映木材的内部情况，精确度较高且结果直观。微钻阻力检测时会在木材表面留下一个孔径约 2.5～3mm 的贯穿型孔洞，因此，严格意义上来说，应属微损检测。[102] 目前常用的木材微钻阻力检测设备有IML Resistograph PD-Series（德国）和 RESISTOGRAPH（德国）等（图 3-6）。

图 3-6　木材微钻阻力检测设备

（5）皮罗钉（Pilodyn）检测

皮罗钉检测最初应用于木质电杆的安全性检测，后广泛应用于古建筑木构件和活立木检测，主要是测定木材表面一定深度范围内的材质性能和缺陷情况（图 3-7）。其检测原理是将探针以预先设定好的能量射入木材中，通过射入的深度分析木材密度的变化情况，木材越致密，则射入深度越浅，木材越疏松，则射入深度越深，进而基于此结果分析木材的材质性能情况和是否存在缺陷，这一点与微钻阻力的检测思路较为相似。[103-104]

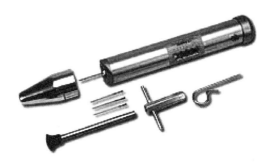

图 3-7　皮罗钉检测设备

3.2　木构件的适宜无损检测方法优选

木材作为一种非匀质的生物质材料，其本身就会存在各类生长缺陷，加之易受环境因素影响，组织结构复杂，所遇问题多样，因此，针对木材的无损检测方式应在充分关注木材特性的基础上进行选择。此外，在木结构古建筑现场检测作业中，检测条件往往比试验室中更加复杂，如构件形状和位置、周边环境干扰、用电来源、劳动强度等，因此对检测设备的要求会更加苛刻。只有充分了解各类常用无损检测设备的性能和特点，才能在具体的检测工作中合理选择，做到对症下药、有的放矢。

3.2.1　检测方法优选的原则

综合对几种无损检测设备的适用性分析来看，目前适用于古建筑木构件检测的方法与设备有很多，在选取上应充分把握以下几点原则：

（1）非破坏性原则

作为针对携带有重要历史信息的木构件的检测，其首要原则就是"非破坏性"，或者尽量微小的破坏，并能够即时修复之。这种非破坏性，不仅体现为对构件外观形态的非破坏，也体现为对其力学性能的非破坏。只有把握如上原则，才能最大限度地保留被测构件的原真性。

（2）提高精度原则

运用现代科技手段对古建筑木构件进行检测，相较于传统检测方法，最大的优越性在于摒弃了人为经验因素对检测结果的影响，做到了"定性"到"定量"的质变。任何检测设备，要使其检测结果令人信服，对其检测精度的要求是必需的，而任何检测设备，都必然存在着测量误差。针对以上这对矛盾，解决途径就是通过对检测设备的合理选择，将测量误差控制在可以接受的范围内。

（3）现场适用原则

在木构件的现场检测工作中，会面临诸多复杂的内部或外部情况，如构件的位置和形状、构件表面有彩画或内部有加固铁件、环境干扰等，都会或多或少地影响和制约检测设备的工作。适宜的检测设备应能够在复杂而苛刻的现场环境中胜任绝大部分的检测任务，并保持相应的工作精度和稳定性。此外，现场检测工作还会对检测设备的便携性、辐射性、动力来源、可操作性等提出更高的要求。

3.2.2 基于木材特性的检测方法优选

3.2.2.1 不同检测方法的适用性优选试验

（1）试验的目的

由上文介绍可知，应用于木材的无损检测技术手段多样，原理各异，不同的检测设备具有其各自的优劣势、侧重点和适用范围。在具体的检测工作中，应根据需要获取的检测信息类型，并综合考虑精度要求、设备条件、现场条件、时间与成本等诸多因素，合理选择适宜的检测设备。

（2）试验方法

本次筛选试验可选取的无损检测设备包括：应力波检测仪、木材微钻阻力仪、X射线荧光仪、非金属超声波检测仪、地质雷达（探地雷达）和超声波回弹仪（图3-8）。以古建筑中拆下来的旧木构件为试验材料，人工挖凿不同面积比例的贯穿型截面孔洞（图3-9），分别使用上述6种检测设备对构件进行测试，考察其对构件内部空洞缺陷的识别能力和数据精度，并综合设备的便携性、测试的安全性、对构件的破坏程度、结果的可视性等多方

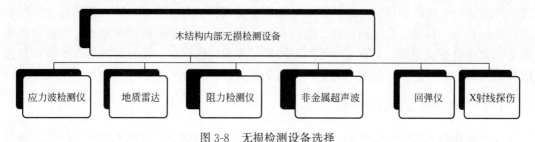

图 3-8　无损检测设备选择

图 3-9　设备优选试验材料

面因素进行衡量，筛选出针对木构件现场检测最适宜的无损检测设备。

1）应力波检测结果分析

图 3-10 所示为 10 个感应探针的多路径应力波检测设备对试件的检测结果。可见，应力波检测对木材内部残损的识别性较好，而且具有可视化和可量化（获取各感应探针间速率）的优点。

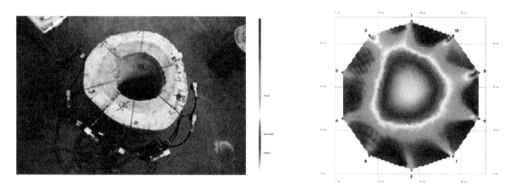

图 3-10　应力波检测结果❶

2）超声波检测结果分析

图 3-11 所示为非金属超声波检测仪对试件的检测结果。通过对超声波传播速率波形的分析可见：1/4S 截面孔洞时的传播速度对比无孔洞时明显降低，波纹呈不规律状态；1/16S 截面孔洞时的传播速度对比无孔洞时稍有降低，波纹状态平稳。因此判断，采用非金属超声波检测时，当孔洞面积较大时，识别反应明显，当孔洞面积较小时，则识别反应不明显，传播速率因孔洞面积的增大呈现衰减趋势。此外，非金属超声波检测仪的声波发射器和接收器与被测试件的表面接触需要有耦合剂，因此在遇到木材表面凸凹不平或弧度过大时，常会因耦合不足而造成数据失稳。因此判断，非金属超声波检测仪可以一定程度

---

❶　图 3-10 书后附彩图，详见第 151 面"彩图附录"。

地应用于木材检测，但对木材缺陷检测的适宜性不强。

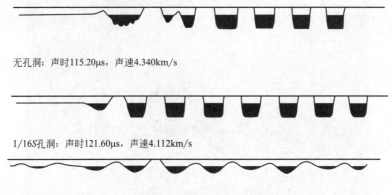

无孔洞：声时115.20μs，声速4.340km/s

1/16S孔洞：声时121.60μs，声速4.112km/s

1/4S孔洞：声时127.20μs，声速1.804km/s

图 3-11　非金属超声波检测结果

3）回弹仪检测结果分析

回弹仪一般用于检测混凝土等材料的表面硬度，本试验探索其应用于木材缺陷检测的可能性。检测结果见表3-2。在现场试验过程中发现，回弹仪在树木表皮松软的情况下会加重表面破坏，且不显示检测数据；通过分析数据发现，回弹仪在有孔洞和无孔洞的情况下无明显差异，数据只能反映被测物体的表面硬度，对于内部孔洞数值则无法检测。因此判断回弹仪不适用于木材的缺陷检测。

回弹仪检测数据　　　　　　　　　　　　　　　　　　　　　　　　　　表 3-2

试验工况	检测结果（MPa）
无孔洞	24,28,24,28,28,30
1/16S 孔洞	28,24,26,32,22,34
1/8S 孔洞	32,30,32,30,28,24
1/4S 孔洞	18,26,26,22,24,28

4）地质雷达检测结果分析

地质雷达一般用于地下埋藏物和建筑物地基基础的探测，本试验探索其应用于木材缺陷检测的可能性（图 3-12）。由结果可知，地质雷达对地下金属等物质以及裂缝、空洞等的反应较为灵敏，对木材内部检测基本无效。因此判断，地质雷达不适用于木材的缺陷检测。

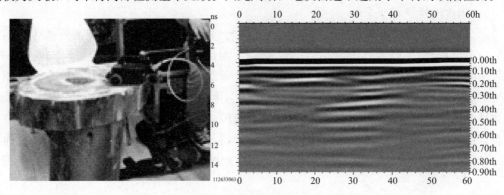

图 3-12　地质雷达检测结果

5）微钻阻力检测结果分析

图 3-13 所示为木材微钻阻力仪对试件的检测结果。通过对阻力曲线的分析可见：微钻阻力检测可以在单路径上十分精确且直观地反映缺陷的长度；其不足是不能识别缺陷的整体情况，通过完全空洞的路径过长时，容易发生断针危险。因此判断，在木材缺陷检测中，微钻阻力检测适宜于为应力波检测结果提供路径精确修正，尤其是对腐朽、裂缝、节疤等类型的缺陷，检测效果更好。

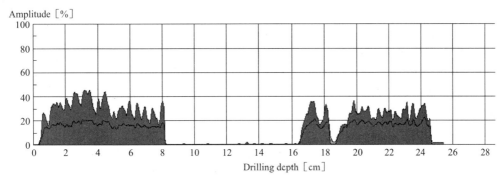

图 3-13　微钻阻力检测结果

3.3.2.2　筛选结果分析

通过对以上筛选试验的结果进行分析可知不同无损检测设备对木材内部缺陷的适宜度，见表 3-3。

不同无损检测设备的适宜度分析　表 3-3

设备名称	适用范围	数据是否可量化/可视化	设备优点	设备缺点	木构件检测适宜性
多路径应力波检测仪	木材检测	可量化/可视化	体量较轻,便于携带,不需耦合剂,适用于现场检测,检测结果可视化,准确性较高	微损;传感器连接与拆卸较繁琐,检测速度稍慢,对裂缝的识别精度不高	适宜
木材微钻阻力仪	木材检测	可量化/可视化	便于携带,适用于现场检测,检测精度高,检测结果可视化	微损;主机与电池分体设计,不方便高空场作业;无自我保护功能,遇内部较大孔洞或坚硬物体时易断针	适宜
地质雷达	基岩埋深探测,混凝土建筑物墙体、梁柱、楼板内部物质探测,洞穴、古墓探测等	不可量化/可视化	无损;便于携带,适用于现场检测	截面检测受限,对大面积缺陷才有反应,对木材内部缺陷测试反应不敏感	不适宜
X 射线探伤仪	材料测试,食品、仪器仪表、电子设备、汽车零部件、军工、考古、地质等检测	不可量化/可视化	无损;检测精度高	设备体积和质量较大,不方便携带搬运;存在辐射,有一定安全隐患,不适合在人口密度较大的城区使用	可用

设备名称	适用范围	数据是否可量化/可视化	设备优点	设备缺点	木构件检测适宜性
非金属超声波检测仪	混凝土	可量化/不可视	无损;便于携带	不适用于木材粗糙表面检测,操作后耦合剂清理困难	可用
回弹仪	混凝土	可量化/不可视	易操作,检测抗压强度	检测时对木材表面造成破坏	不适宜

综上分析,得出如下结论:

(1)多路径应力波检测仪质量轻,便于携带,无需有线电源,受环境因素干扰小,且可直观观测截面内部残损情况,具有可视化又可量化的特点,非常适宜于现场检测木构件的残损情况。

(2)微钻阻力仪在单一路径上的检测精度高,且通过阻力曲线显示,既可量化又可视化。由于阻力曲线反映的是钻针与木材直接接触的情况,不同于应力波还需通过波速计算转换,因此检测结果更加精确。其缺点是仅能单路径识别,因此可以配合应力波检测,精确确定木构件的内部残损情况。

(3)地质雷达不同频段可用于地下不同深度的检测,但对木材内部缺陷的检测波纹变化不大。回弹仪仅可以测量材料的表面强度,并会对木构件表面造成较大伤害,木材较软时难以获得数据,因此不适用于对木构件的检测。

(4)X射线探伤理论上应是最为精确的缺陷检测技术,但在实际操作中存在较多弊端,譬如设备沉重,具有较强的辐射性(要保持在25~30m内无人员),供电电压要求高,成像材料较昂贵等。因此多用于较重要文物建筑的关键部位残损情况的判断,并不适于广泛使用,特别是人口密集地区古建筑的残损检测。

(5)非金属超声波检测仪的优点在于对古建筑完全不造成损伤,缺点在于不具有可视性,需要耦合剂,不适宜于粗糙表面或表面弧度较大的构件检测,且每次检测仅能获取两点间的波速,操作较为繁琐。

因此,基于便携性、破坏性、数据的准确性等多方面因素进行衡量后,确定在木结构古建筑的现场构件检测中以应力波检测和微钻阻力检测为主要的检测手段开展工作,必要时,例如当历史建筑不能进针检测时,可以使用非金属超声波检测设备进行辅助残损判断。

3.2.3 基于现场条件的检测方法优选

3.2.3.1 构件位置因素

木结构古建筑的检测勘查工作中,应根据不同的检测项目选用不同的检测方法,当同一检测项目有多种检测方法供选用时,应考虑构件的材质特性和现场作业条件进行综合选择。例如当承重柱裸露在外、周围未被围护结构包裹或遮挡时,应力波检测、微钻阻力检测、超声波检测等多种方法皆可选用;而当承重柱周围部分被围护结构包裹或遮挡,只有部分裸露在外时,应力波检测无法沿截面外围均匀布置感应探针,显然不适宜于此种情况的检测,这时就需要选用微钻阻力检测或超声波检测的方法,在微钻阻力检测时,还需让检测路径避开包裹的位置,避免钻针损伤,如图3-14所示。

(a)　　　　　　　　　　　　　　(b)

图 3-14　不同现场情况对检测设备的选择

（a）柱身无包裹；（b）柱身有包裹

3.2.3.2　构件形状尺寸因素

多路径应力波检测的图像识别精度和其检测感应探针的数量成正比关系，探针数量越多，则计算机图像对被测构件的轮廓形状拟合越精确（本文第 5 章中将详细分析）。因此，在对截面尺寸较大的构件进行应力波检测时，尤其是在初查时发现内部可能存在残损的情况下，应尽量采用数量多的感应探针，以获得较高的检测精度。

由于多路径应力波检测设备的识别软件在最少 6 个感应探针生成的数据条件下方能生成计算机模拟图像，因此在现场检测中，该设备就不适用于截面尺寸很小的构件，如椽子、枋、清式做法中的铺作构件等。对于这些构件的检测，在敲击初查的基础上，必要时可采用单路径应力波检测或非金属超声波检测方式，获取声波传播速率，以此判断其内部状况；或采用微钻阻力检测，通过阻力曲线判断。

木结构古建筑中的许多构件截面形状是圆形，尤以圆柱居多。在对其进行超声波检测时，构件表面曲率过大往往会造成构件与超声波探头之间的耦合不充分，从而无法采集到准确数据（图 3-15）。因此，超声波检测较适用于表面形状平直的构件，如斗栱、梁、枋等。

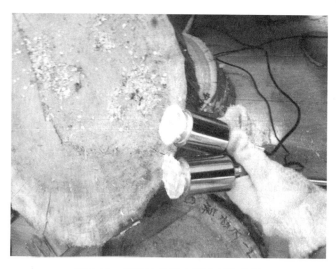

图 3-15　超声波检测中耦合剂的使用

3.2.3.3　构件表面状态因素

很多古建筑中的木构件表面常会附有油漆层、地仗层、沥青防腐层或彩画层，尤以明清时期官式建筑居多。此外，还有一些构件经铁件加固后，外层再附以油漆地仗层，从外表不易发觉。对于此类构件的检测方法选择，应注意以下若干方面的问题：①对于表面彩画具有保护价值的，检测时应避免对彩画层的破坏，因此应尽量选择对构件表面完全无破坏的检测设备，如非金属超声波检测仪；如实在不可避免对表层彩画造成微小破坏，应注意检测后对彩画的复原。②对于表面附有坚硬地仗层的构件，检测前应首先使用手电钻等工具钻通地仗层，破除其对检测数据的影响，令检测设备的探针（或钻针）可以直接接触木材。③对于内部可能存在铁件或其他加固材料的构件，检测前应首先使用金属探测器对构件进行探测，如发现有金属层，则严禁使用微钻阻力仪进行检测，以免对钻针造成损伤。

3.2.4　基于残损类型的检测方法优选

不同检测设备由于其检测原理不同，对不同类型残损的识别能力也不尽相同。在现场检测中，应根据构件不同的残损状况，合理选择适宜的检测设备，才能保证检测数据的准确性和可靠性。

木材的截面裂缝、腐朽和空洞都对其弹性模量有显著的影响，根据木材的动弹性模量公式，材料弹性模量的降低，会直接造成振动波在其内部的传播速率降低，包括应力波和超声波。[105] 随着空洞面积的增大，应力波和超声波的传播速率皆呈线性衰减趋势，且相关性皆较明显（本书第 5 章中将详细分析）。因此，通过分析应力波或超声波波速的衰减，都可对构件的截面空洞进行识别。

此外，微钻阻力曲线如在某一区段出现衰减，甚至衰减为零的情况，则可根据衰减段的长度和衰减幅度判断具体的残损类型。通过之前的研究发现，在现场检测中，很多因素都会影响阻力值的大小，为了尽可能排除一些因素的影响，研究决定除早晚材变化和曲线高低外，还要对现场检测的同一条曲线正常区间和残损区间的阻力值分别进行定量分析和对比，以此判定木材的残损类型。一般情况下，如衰减段曲线衰减为零，且长度较长，则可判断为空洞；如衰减段长度较短，则可判断为开裂；如衰减段曲线仅出现部分幅度衰减，或衰减段不连贯，则可判断为腐朽。

（1）对残损类型的判定

衰减段曲线的平均波峰值为正常区间平均波峰值的 30％ 及以下时，可判定为空洞；衰减段曲线的平均波峰值为正常区间平均波峰值的 30％～60％ 时，可判定为腐朽；衰减段曲线的平均波峰值为正常区间平均波峰值的 30％ 及以下，且此区间较为狭长时，可判定为裂缝。

（2）对腐朽等级的判定

阻力曲线的平均值略有下降，早材与晚材阻力值的差异减小，敲击声音清脆，可判定为轻度腐朽；阻力曲线平均值较低，早材与晚材阻力值的差异急剧变小，敲击声音沉闷，可判定为中度腐朽；阻力曲线近似一条直线且平均值很低，早晚材变化不可识别，敲击声音沉闷，可判定为重度腐朽。

3.2.4.1　对裂缝和腐朽的识别

通过在木材试件的截面中部人工挖凿筛状小孔，以模拟裂缝和腐朽残损，并对其进行应力波和微钻阻力检测，考察其各自的识别精度，如图 3-16 所示。从图中可知，通过应力波的颜色识别图像，可以较好地反映出木材中部存在密度降低的情况，但并未识别为空洞，且基本能确定裂缝或腐朽的大致范围。但需要指出的是，应力波颜色识别图像仅能判断残损面域的范围，对条状裂缝和密集分布的裂缝识别精度不高。FAKOPP 3D Acoustic Tomograph 的使用说明书中也载明：在对木材中长而窄的裂缝进行检测时，会产生"阴影效应"，造成检测图像中显示的残损边界范围比实际情况偏短且偏宽。❶

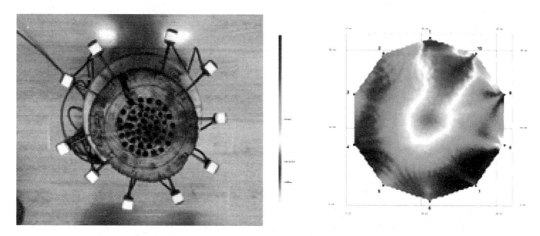

图 3-16　应力波对裂缝和腐朽的识别 ❷

通过对残损部位进行微钻阻力检测，可以对应力波判断结果进行修正。图 3-17 所示为呈 90°夹角的两条进针路径上的微钻阻力曲线，根据图中阻力曲线的衰减段可以直观地得出在检测路径上裂缝或腐朽的具体分布和宽度。

3.2.4.2　对空洞的识别

如前文所述，应力波和超声波在遇到木材内部空洞时都会出现波速衰减，因此理论上都可作为判断空洞残损的依据。二者的区别在于：应力波检测的相应设备可以进行多路径波速采集，如 FAKOPP 3D，最多可以安装 10 个传感探针，一次性采集 90 条路径上的传播速率，并可以通过相关软件（ArborSonic 3D）对波速衰减进行分析，形成直观的二维图像；而目前超声波检测的设备仅支持获取单路径上的波速数值和波形图，且缺乏直观的图像显示，对空洞位置和面积判断的直观程度不及应力波检测。

从理论上讲，微钻阻力检测能够通过阻力曲线最为准确地判断单路径上的空洞直径，通过多路径交叉检测，可以较为准确地判断空洞的位置和面积，本书第 5 章中将会进行详细论述。但实际操作的情况是，如果空洞直径过大，钻针在空洞中高速旋转前进时，会产生大幅度摆动，钻针在抵达空洞边界的木材内表面时，可能会因为钻入角度的偏差，造成检测路径偏移，严重时甚至会造成钻针折弯或折断。试验表明，当空洞直径超过 15cm 时，就易发生此种风险。

综上可见，在对木构件内部空洞的识别上，应力波检测方便、直观，且具有一定的识别精度，是该类残损的首选检测设备。

---

❶　FAKOPP 3D Acoustic Tomograph User's Manual.

❷　图 3-16 书后附彩图，详见第 151 面"彩图附录"。

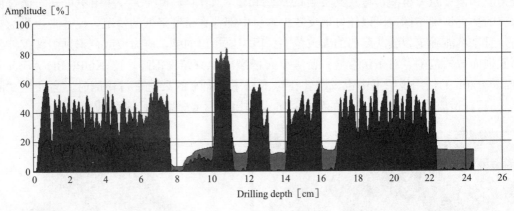

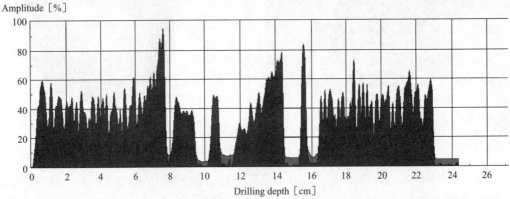

图 3-17　微钻阻力检测对裂缝和腐朽的识别

3.3　本章小结

充分了解检测设备的工作原理，并选择适宜的检测设备，是完成木结构古建筑检测勘查工作的重要前提，正所谓"工欲善其事，必先利其器"。本章首先探讨了目前常用的若干种检测方法对于不同检测目的的适用性，包括木材材质性能检测、木材残损缺陷检测和木材生长特性检测，并着重列举分析了五种常用检测方法各自的工作原理、设备形态和常用品牌型号等，包括应力波检测、超声波检测、X射线检测、微钻阻力检测和皮罗钉检测。

选择可获取的六种试验设备（应力波检测仪、地质雷达、微钻阻力仪、非金属超声波仪、回弹仪、X射线探伤仪），通过模拟试验的方法，探讨其对木材残损检测的适宜度，并综合考虑多种因素（便携性、可视性、动力来源、辐射等），得出相应的设备选择推荐：基于古建筑木构件的特点，以目前的技术水平和产品现状来看，适用于古建筑木构件现场检测的无损检测设备应是基于应力波技术和微钻阻力技术开展工作的。

在确定适宜的检测原理与设备后，对古建筑木构件的现场检测工作还应把握非破坏原则、提高精度原则和现场使用原则，综合考虑不同的构件位置、构件尺寸、构件表面状态、构件残损类型等多方面影响因素，进行合理的设备工具选择。

第4章　木构件材质性能无损检测方法

由于木结构古建筑的"装配式"特性：结构体系由各类木质构件组成，因此，构件在整个结构体系中占有重要地位，对它的检测思路也就不同于现代建筑检测，应在关注结构整体的同时，更多地关注单体构件的材质性能信息。

针对古建筑木构件的检测，不同于传统意义上的木材检测，也不同于传统意义上的结构破坏性试验。传统方法的木材或木构件材质性能指标的获取，是通过标准试件力学性能试验或足尺模型的破坏性试验方式得到的。上述试验方法的优点在于试验过程直观可控、结果精确可靠，缺点在于属破坏性检测、检测时间较长、试验条件苛刻，且所测试件（或模型）有时并不能真实地反映现场构件的实际状况，往往导致试验预测结果与真实情况存在偏差，因此并不适用于古建筑的现场检测。加之很多木结构古建筑具有保护价值和义物属性，在检测过程中讲求"最小干预"，尽可能减少对构件的破坏，并最大限度地保持建筑原状，很多保留有丰富历史信息的木构件不能够被随心所欲地拆卸和锯解。[106] 因此，为了满足古建筑木构件材质信息的获取要求，需要在不破坏结构体系和木构件本身的前提下，探讨出一种快捷可靠，并适用于现场操作的检测技术和手段。

很多相关研究已证明，在木材的无损检测中，微钻阻力检测的钻针阻力相对值和应力波检测的应力波传播速率值，会与木材的某一项或数项材质力学性能有显著的相关性。[107-110] 因此，通过无损检测手段建立对木材材质信息的预测模型，包括木材密度、顺纹抗压强度、抗弯强度、抗弯弹性模量等指标，是快速而准确地评估古建筑木构件材质性能的有效途径。[111]

基于以上讨论，木构件的材质性能检测内容可包括：

（1）针对古建筑木构件常用树种（本章以杉木为例），建立构件的无损检测数据（微钻阻力值、应力波传播速率值）和木材的物理力学性能（密度、顺纹抗压强度、抗弯强度、抗弯弹性模量）的关系模型，并使用不同的统计算法对二者关系进行预测，以求方法的多样性和结果的可靠性。

（2）不同条件（构件年代、含水率、设备参数设置）对无损检测结果（应力波传播速率值、微钻阻力值）的影响规律。建立影响因素的调整方程。

（3）根据古建筑木构件无损检测参数和木材物理力学性能间关系模型来预测其抗弯和抗压承载性能，并将此关系模型应用于现场检测操作。

4.1　木构件材质性能的测试方法

4.1.1　测试的基本思路

4.1.1.1　方法与步骤

试验设计思路如图 4-1 所示。其试验步骤是：

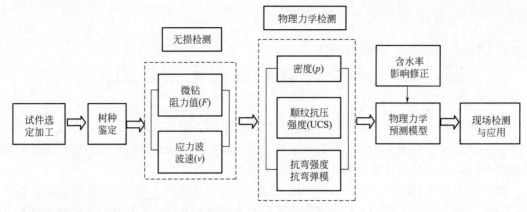

图 4-1　试验总体思路

首先将从古建筑上拆卸下来的旧木构件加工成标准尺寸的清材小试件，对其进行单路径应力波测试和微钻阻力测试，获取应力波传播速率（v）和微钻阻力值（F）。

无损检测完成后，将上述清材小试件根据《木材物理力学试验方法总则》GB/T 1928-2009 的要求加工成木材密度试件（20mm×20mm×20mm）、顺纹抗压强度试件（20mm×20mm×30mm）、抗弯性能测试试件（20mm×20mm×300mm）[112]，分别进行传统方法的力学性能测试，获取试件的木材密度 D（g/cm²）、顺纹抗压强度值 UCS（MPa）、抗弯强度值 MOR（MPa）和抗弯弹性模量值 MOE（MPa）等各项材质性能信息。

尝试使用不同的统计方法，建立木构件的无损检测数据与材质性能之间的关系，并最终应用于木结构古建筑的现场检测工作。在未来的现场检测中，只需通过应力波检测仪和微钻阻力仪的无（微）损检测，快速且无破坏地获得 v 和 F 的值，即可预估出木构件的各项材质性能信息。

4.1.1.2　试件选择与加工

（1）构件树种调研

经对三个典型地区（北京、山西、安徽）木结构古建筑的现场调研，并结合以往相关研究资料，确定三地木结构古建筑中构件的常用树种信息，有针对性地收集相应树种的旧木构件作为试验材料，见表 4-1。

旧木构件树种调查　　　　　　　　　　　　　　　　　　　　　　表 4-1

构件编号	树种鉴定结果	构件类型	收集地点
1	硬木松	柱	北京吕祖宫
2	冷杉	梁	
3	云杉	枋	
4	硬木松	柱	北京护国寺
5	冷杉	方梁	
6	杉木	梁	安徽歙县某民居
7	黄山松	柱	安徽黟县某民居
8	杨木	梁	山西长治观音堂
9	榆木	柱	

基于以上的树种调查结果，为限定研究范围，所涉及的各类试验将根据试验需求分别

在上述七个树种中选取相应的旧木构件（图 4-2）。

图 4-2　旧木构件采集

（2）试件选取与加工

选材构件为取自安徽歙县某古民居建筑的旧杉木构件，树种为杉木（Cunninghamialan-ceolata（Lamb.）Hook.）。经过除钉、锯解、划线等一系列加工程序后，将其制作成若干标准规格的无疵试件样条，样条尺寸为 20mm×20mm×360mm，共计 182 根（图 4-3）。

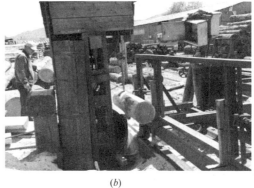

（*a*）　　　　　　　　　　　　　　（*b*）

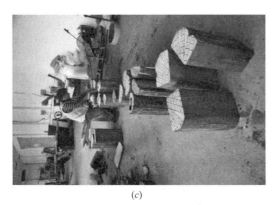

（*c*）　　　　　　　　　　　　　　（*d*）

图 4-3　试件加工过程

（*a*）除钉；（*b*）构件截短；（*c*）试样条划线；（*d*）初始试样条加工（40mm×40mm×500mm）

(e)   (f)

图 4-3   试件加工过程（续）

(e) 四面抛光；(f) 标准试样条加工

为探讨年代对构件材质性能的影响，特选取相同树种的原木新材，按上述同样方法加工成标准尺寸试件条，数量与旧材试件相同，为 182 根。采取同样的检测试验方法，对比新旧材的材质性能。

为模拟木构件在真实自然环境中的状态，将待测试件条放置于阴凉通风处一个月，使其达到自然环境下的平衡含水率（约 12%），所有的材质信息试验数据皆是在此含水率条件下进行采集的。

4.1.2   测试的方法步骤

4.1.2.1   无损检测数据获取

（1）单路径应力波检测

单路径应力波检测的基本原理是利用木材的声学特性，获取两个感应探针之间的应力波传播时间，主要通过声波在木材中的传播速率对木材的材质性能进行预测。[113]

本试验中使用的检测设备为匈牙利生产的单路径应力波检测仪（FAKOPP Microsecond Timber）。检测时，先将检测仪的两个感应探针沿试件条长度方向钉入其两个端面，感应探针的水平夹角为 30°～45°。使用检测仪配备的小钢锤敲击发射端感应探针，第一次敲击所得数据读数无效，从第二次开始，连续敲击三次，获取其应力波传播时间读数的平均值，单位为 μs，作为该试件条的应力波传播速率计算值，如图 4-4 所示。

图 4-4   单路径应力波检测

（2）微钻阻力检测

前文已述，根据微钻阻力曲线可以直观地判断出木材材质的密实度状况。试验将通过对微钻阻力值的分析，探讨更加精确地预测木材材质性能的方法。

试验中使用的检测设备为德国生产的 IML 木材微钻阻力仪（IML-RESI）。该设备在钻入木材的过程中受到的阻力大小随树种密度的不同而各异，密度越大的木材阻力值就越大。设备自身定义了阻力值单位：resi，取值在 0～100 之间，反映的是钻针钻入木材时相对阻力的大小，数值越大，则表示阻力越大。该值是一个相对变量，与常见的力的单位（N）和功率单位（W）没有一一对应关系。[114] 根据此原理，可以通过分析阻力曲线所反映的阻力值大小，预测木材的密度值范围[115]，阻力曲线取值范围如图 4-5 所示。试验的入针方向选为垂直于试件条年轮方向，钻针旋转速率恒定为 5000r/min，前进速率恒定为 200cm/min。为了不影响后期力学性能试验的试件完整性，入针位置分别选取试件条的两个端部，取两个阻力值的平均值作为该试件条的微钻阻力值。试验中，取阻力曲线的第一个波峰值和最后一个波峰值之间的曲线段为取值范围，计算其平均值为试件的微钻阻力值，如图 4-6 所示。

图 4-5　微钻阻力检测

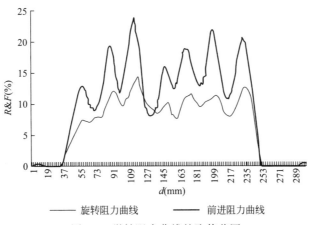

图 4-6　微钻阻力曲线的取值范围

4.1.2.2 传统材质力学性能试验

一般情况下，对于木材的材质信息，主要通过如下几个指标获取：木材密度、顺纹抗压强度、抗弯强度和抗弯弹性模量。试验中，将对已被无损检测过的试件条进行二次锯解，并分别按照国家标准要求进行传统的力学性能试验，以期获得上述材质信息指标，如图 4-7 所示。

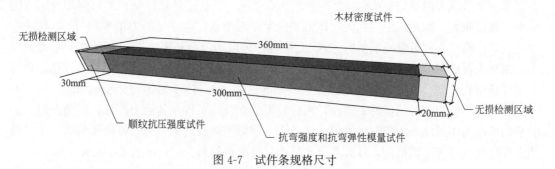

图 4-7 试件条规格尺寸

（1）木材密度检测

木材密度是能够反映木材材质性能的关键性指标之一。通过木材密度的数值分析，不仅可以快速判断木材的质量等级，还可以快速预测木材的其他各项力学性能指标。[116]

根据《木材密度测定方法》GB/T1933-2009 的要求，试件尺寸为 20mm（径向）× 20mm（弦向）×20mm（纵向）。分别使用游标卡尺测量试件轮廓尺寸，精确至 0.01mm；用精密电子秤测量试件质量，精确至 0.01g，如图 4-8 所示。按照体积质量公式计算木材密度。

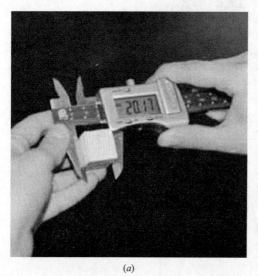 

(a)　　　　　　　　　　　　　　(b)

图 4-8 木材密度测量

（a）尺寸测量；（b）称重

（2）顺纹抗压强度检测

木材的顺纹抗压强度（UCS）反映的是木材克服顺纹压缩变形的能力。木材的顺纹压缩变形最初表现为横跨侧面的细小条纹，随着荷载的增大，变形随之增大，木材表面出现褶皱错位变形。古建筑中的各类木质构件，主要承受顺纹受压荷载，故顺纹抗压强度是其主要考察指标。[117]

根据《木材顺纹抗压强度试验方法》GB/T1935-2009 的要求，试件尺寸为 20mm（径向）×20mm（弦向）×30mm（纵向）。试验设备为美国产 Instron 5582 系列万能力学试验机。试验过程中为匀速加载，加载速率为 3mm/min，如图 4-9 所示。

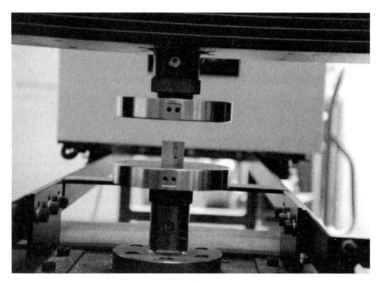

图 4-9 静态抗压测试

（3）抗弯弹性模量和抗弯强度检测

木材的抗弯强度（MOR）反映的是木材克服弯曲外力作用而不被破坏的能力。木材受弯曲荷载作用时，其上部为顺纹受压，下部为顺纹受拉，水平面内存在剪切力。因此，木材的抗弯强度受顺纹抗拉强度和顺纹抗压强度的共同影响，其值一般介于抗拉强度和抗压强度之间，是木材力学性能的重要指标之一。古建筑中的梁、枋等水平构件，主要受弯曲荷载作用，故抗弯强度是其主要考察指标。

通常情况下，木材仅具有足够的抗弯强度是不够的，因为即使构件在长期荷载作用下不被破坏，也会因为刚度不够而发生变形，同样影响其力学性能。[118] 因此，抗弯弹性模量（MOE）是木材的重要材质性能指标之一，反映的是木材的材料刚度，它与木材密度相似，通常为基本变量，用作预测木材其他强度性能的参考指标。

根据《木材抗弯强度试验方法》GB/T1936.1-2009 和《木材抗弯弹性模量试验方法》GB/T1936.2-2009 的要求，试件尺寸为 20mm（径向）×20mm（弦向）×300mm（纵向）。试验设备为美国产 Instron 5582 系列万能力学试验机。首先进行抗弯弹性模量测试，采用四点弯曲法（图 4-10）；完成后，进行抗弯强度测试，采用三点弯曲法，测试跨距240mm，径向加载 2～3min，直至试件最终破坏（图 4-11）。木材的抗弯弹性模量满足以下公式：

$$E = \frac{23Pl^3}{108bh^3f} \tag{1}$$

式中：E 为木材的抗弯弹性模量（MPa）；

P 为上、下限荷载之差（N）；

l 为两支座间的跨距（mm）；

b 为试件条的宽度（mm）；

h 为试件条的高度（mm）；

f 为上、下限荷载间的试件条变形值（mm）。

图 4-10　抗弯弹性模量检测

图 4-11　抗弯强度检测

4.2　无损检测数据与材质性能参数的关联特征分析

4.2.1　线性回归分析

4.2.1.1　微钻阻力值对密度的预测

试验使用的 IML 微钻阻力仪在检测过程中可以采集到旋转阻力值（R）和前进阻力值（F）两组数据，探讨了二者各自与木材密度的线性关系。其回归方程如图 4-12 所示。

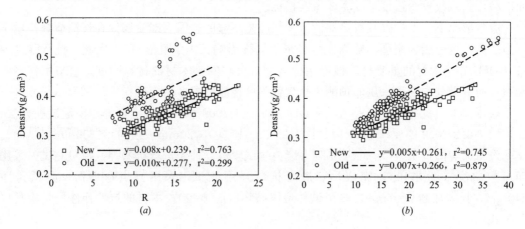

图 4-12　微钻阻力与密度的线性回归

（a）与旋转阻力（R）的关系；（b）与前进阻力（F）的关系

由图中分析可知，无论新、旧材，试件的微钻阻力值与其木材密度皆呈显著的正相关性。具体来看，钻针的前进阻力 F 与密度的拟合程度更高，决定系数均大于 0.74，因此能够更准确地预测木材的密度。可见，用微钻阻力值快速预测木材密度是可靠和适用的。

4.2.1.2　波阻模量对抗弯弹性模量的预测

相关研究已证明，木材的抗弯弹性模量与应力波的传播速率和木材密度存在显著相关性，符合以下公式[119]：

$$E = Dv^2 \qquad (2)$$

式中：E 为弹性模量（Pa）；

　　　　D 为木材密度（kg/m^2）；

　　　　v 为应力波在该木材中的传播速率（m/s）。

相关研究[120] 和本试验皆已证明，不同树种的木材密度与微钻阻力值存在较显著的线性关系，因此，探索利用波阻模量（Rv^2、Fv^2）来预测木材的抗弯弹性模量的可行性。二者关系如图 4-13 所示。

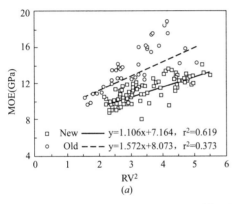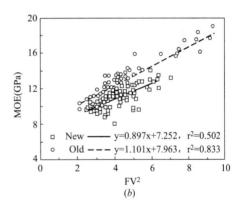

图 4-13　波阻模量与抗弯弹性模量的线性回归
（a）与旋转阻力（R）的关系；（b）与前进阻力（F）的关系

由图中分析可知，无论新、旧材，通过无损检测手段采集到的试件波阻模量与其抗弯弹性模量皆呈显著的正相关性。具体来看，采用钻针前进速率数据对应的波阻模量（Fv^2）能够更准确地预测试件的抗弯弹性模量，其决定系数皆大于 0.50。可见，用微钻阻力值和应力波传播速率值快速预测木材抗弯弹性模量是可靠和适用的。

4.2.1.3　波阻模量对抗弯强度的预测

与对木材抗弯弹性模量的预测思路相同，试验同样尝试分析波阻模量与抗弯强度之间的关系，如图 4-14 所示。

由图中分析可知，无论新、旧材，通过无损检测手段采集到的试件波阻模量与其抗弯强度皆呈显著的正相关性。具体来看，采用钻针前进速率数据对应的波阻模量（Fv^2）能够更准确地预测试件的抗弯强度，其决定系数皆大于 0.54。可见，用微钻阻力值和应力波传播速率值快速预测木材抗弯强度是可靠和适用的。

4.2.1.4　波阻模量对顺纹抗压强度的预测

木材的顺纹抗压强度与波阻模量的关系如图 4-15 所示。

由图中分析可知，无论新、旧材，通过无损检测手段采集到的试件波阻模量与其顺纹

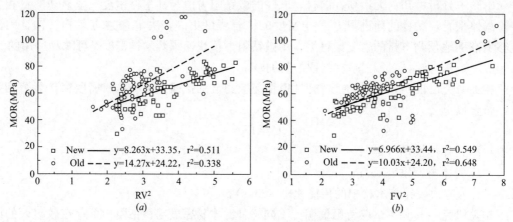

图 4-14 波阻模量与抗弯强度的线性回归
（a）与旋转阻力 R 的关系；（b）与前进阻力 F 的关系

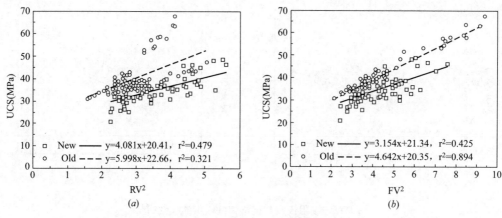

图 4-15 波阻模量与顺纹抗压强度的线性回归
（a）与旋转阻力（R）的关系；（b）与前进阻力（F）的关系

抗压强度皆呈显著的正相关性。具体来看，采用钻针前进速率数据对应的波阻模量（Fv^2）能够更准确地预测试件的顺纹抗压强度，其决定系数皆大于 0.42。可见，用微钻阻力值和应力波传播速率值快速预测木材顺纹抗压强度是可靠和适用的。

4.2.1.5 95％置信度回归

对于古建筑木构件的现场检测而言，采用微钻阻力技术和应力波技术所预测的木材材质性能信息值与其实际值会存在一定的误差，而且误差是不可避免的。当预测值高于实际值时，会出现被评价出的木材材质性能高于实际情况，从而导致在现场检测中存在误判的风险。因此，建议采用 95％置信度下的线性回归来预测木材材质性能的各项指标。

95％置信度回归的原理是：①建立基准回归曲线：对所有新旧材试件条所采集到的数据信息进行线性回归拟合，得到相应的理论计算模型；②确定临界点：将实际测量值与理论计算模型预测值进行比较，将两者之间的差值从大到小进行排列，确定 95％置信度的临界点，假设差值点共有 100 组数据，110×5％＝5.5，则 95％置信度对应的临界点应为第 6 个点；③95％置信度回归曲线：与基准回归曲线斜率相同且通过临界点即为 95％置信度回归曲线。

　　95％置信度回归后杉木新、旧试件的微钻阻力值与木材密度、抗弯弹性模量、抗弯强度和顺纹抗压强度等材质性能指标之间的关系如图 4-16 所示。

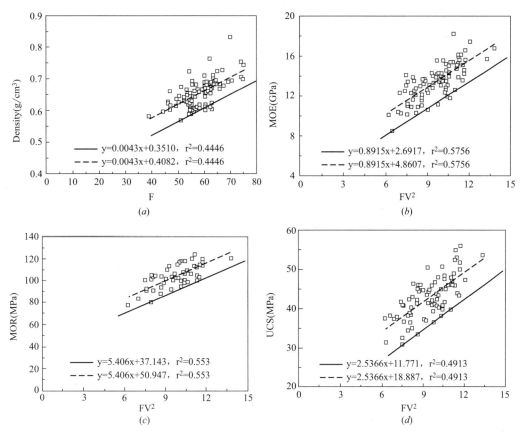

图 4-16　95％置信度对应下的材质信息线性回归关系
（a）木材密度；（b）抗弯弹性模量；（c）抗弯强度；（d）顺纹抗压强度

　　根据95％置信度回归后的拟合结果，在未来的现场检测作业中，可以基于无损检测数据，利用表 4-2 中的公式预测木材在标准含水率（12％）条件下的各项材质性能信息。

4.2.2　信息扩散模型预测

　　为验证其他数学统计方法对木材材质性能进行预测的可行性，在前期试验的杉木旧材试件中任意挑选 10 个样本，尝试运用信息扩散模型对其密度值进行预测。

95％置信度下的木材材质性能数学模型　　　表 4-2

树种	试件数	材质性能 指标 y	线性回归方程 $y=ax+b$			决定系数 r^2
			x	a	b	
杉木（安徽歙县）	新旧材试件各 182 个	密度 D	F	0.0071	0.2087	0.7076
		抗弯弹性模量 MOE	Fv^2	1.1086	5.1469	0.6324
		抗弯强度 MOR	Fv^2	8.836	8.3245	0.6010
		顺纹抗压强度 UCS	Fv^2	4.4623	9.6603	0.6828

4.2.2.1 信息扩散模型的原理

信息扩散模型是基于信息分配方法而建立和发展起来的一种模糊数学方法。其基本思路是通过一定的方式将原始信息直接过渡到模糊关系，对样本进行极值化的数学处理，可以最大限度地保留数据所携带的原始信息，从而避开隶属度函数的求取。[121-122] 因此，即便在信息非完备的条件下，该方法也可以从样本出发，通过一定的扩散函数来预测各变量之间的关系。信息扩散可以分为两种：一种是将单值样本在不同控制点上进行信息分配，以实现数据模糊；另一种是求取由多个论域的控制点所确定的信息矩阵，以获得两者之间的模糊关系。[123]

对于本试验而言，IML 微钻阻力仪可以采集到旋转阻力值 R 和前进阻力值 F 两组数据。因此，尝试以 R 和 F 为输入变量，木材密度为输出变量，通过上述第二种信息扩散方法建立输入与输出变量之间的关系模型，对木材密度进行预测。其基本测试数据信息见表 4-3。

模型构建数据准备　　　　　　　　　　　　　表 4-3

试件树种	含水率	微钻阻力值		木材密度 $D(\mathrm{g/mm^3})$
		旋转阻力 R	前进阻力 F	
杉木(安徽歙县)	12%	12.607	17.571	0.406
		20.867	23.142	0.439
		17.047	18.097	0.401
		19.879	23.875	0.420
		10.610	18.032	0.398
		11.709	17.695	0.407
		20.069	23.417	0.408
		15.178	20.759	0.403
		17.285	17.937	0.400
		11.349	17.540	0.398

4.2.2.2 模型的构建

（1）矩阵模型的建立

首先，分别分析旋转阻力值（R）和前进阻力值（F）与木材密度（D）之间的模糊关系。以旋转阻力值（R）为例，由表 4-3 可知，旋转阻力值（R）的数值变化范围为 10.610～27.129，木材密度（D）的数值变化范围为 0.398～0.723。因此，二者的论域分别取为：

$$U_R = \{9.0, 13.5, 18.0, 22.5, 27.0, 31.5\}；V_D = \{0.30, 0.43, 0.56, 0.69, 0.82\}$$

其中：U 为旋转相对阻力的论域，步长 $\Delta = 4.5$；

V 为木材密度的论域，步长 $\Delta = 0.13$。

本研究选取的二维正态扩散降落公式为：

$$Q = f_m(u, v) = \frac{1}{2\pi n h^2} \sum_{j=1}^{n} \exp\left[-\frac{(u'-u'_j)^2 + (v'-v'_j)^2}{2h^2}\right] \tag{3}$$

式中：$u' = (u - a_1)/(b_1 - a_1)$；

$v' = (v - a_2)/(b_2 - a_2)$；

$u'_j = (u_j - a_1)/(b_1 - a_1)$；

$v'_j = (v_j - a_2)/(b_2 - a_2)$；

$a_1 = \min\limits_{1 \leqslant j \leqslant n} \{u_j\}$，$b_1 = \max\limits_{1 \leqslant j \leqslant n} \{u_j\}$，$a_2 = \min\limits_{1 \leqslant j \leqslant n} \{v_j\}$，$b_2 = \max\limits_{1 \leqslant j \leqslant n} \{v_j\}$；$u_j$、$v_j$ 分别为 U、V 中的离散点；

$h = 1.4208/(n-1)$，n 为样本数。

根据式 3 可以得到原始信息分布矩阵 $Q_{R,D}$，继而对原始信息进行归一化处理，即可得到旋转阻力值 R 与木材密度 D 的模糊关系矩阵 $T_{R,D}$。通过 MATLAB 软件计算，结果见表 4-4。

原始信息分布矩阵 $Q_{R,D}$　　　　表 4-4

	$D_1(0.30)$	$D_2(0.43)$	$D_3(0.56)$	$D_4(0.69)$	$D_5(0.82)$
$R_1(9.0)$	0.000	0.048	0.000	0.000	0.000
$R_2(13.5)$	0.000	0.524	0.000	0.000	0.000
$R_3(18.0)$	0.000	2.579	0.000	0.005	0.000
$R_4(22.5)$	0.000	1.943	0.000	6.666	0.000
$R_5(27.0)$	0.000	0.000	0.000	0.262	0.000
$R_6(31.5)$	0.000	0.000	0.000	0.000	0.000

$$T_{R,D} = \begin{vmatrix} 0.000 & 1.000 & 0.000 & 0.000 & 0.000 \\ 0.000 & 1.000 & 0.000 & 0.000 & 0.000 \\ 0.000 & 1.000 & 0.000 & 0.002 & 0.000 \\ 0.000 & 0.291 & 0.000 & 1.000 & 0.000 \\ 0.000 & 0.000 & 0.000 & 1.000 & 0.000 \\ 0.000 & 0.000 & 0.000 & 1.000 & 0.000 \end{vmatrix}$$

同理，运用上述公式，将前进阻力值（F）与木材密度（D）建立模糊关系，可以得到原始信息分布矩阵 $Q_{F,D}$ 和模糊关系矩阵 $T_{F,D}$，见表 4-5。

原始信息分布矩阵 $Q_{F,D}$　　　　表 4-5

	$D_1(0.30)$	$D_2(0.43)$	$D_3(0.56)$	$D_4(0.69)$	$D_5(0.82)$
$F_1(10)$	0.000	1.000	0.000	0.000	0.000
$F_2(22)$	0.000	1.000	0.000	0.000	0.000
$F_3(34)$	0.000	1.000	0.000	0.000	0.000
$F_4(46)$	0.000	1.000	0.000	0.306	0.000
$F_5(58)$	0.000	0.000	0.000	1.000	0.000
$F_6(70)$	0.000	0.000	0.000	1.000	0.000
$F_7(82)$	0.000	0.000	0.000	1.000	0.000

$$T_{F,D} = \begin{vmatrix} 0.000 & 1.000 & 0.000 & 0.000 & 0.000 \\ 0.000 & 1.000 & 0.000 & 0.000 & 0.000 \\ 0.000 & 1.000 & 0.000 & 0.000 & 0.000 \\ 0.000 & 1.000 & 0.000 & 0.306 & 0.000 \\ 0.000 & 0.000 & 0.000 & 1.000 & 0.000 \\ 0.000 & 0.000 & 0.000 & 1.000 & 0.000 \\ 0.000 & 0.000 & 0.000 & 1.000 & 0.000 \end{vmatrix}$$

（2）模糊近似推理

本模型的构建中，采用近似推论公式 $B_i = A_i \times R$ 进行预测，式中 A_i 的计算如下：

$$当\ a \leqslant a_{\min}\ ,\ a_{\min} \in A_i\ 时，A_i = [1,0,\cdots,0]\ ;$$

$$当\ a \geqslant a_{\max}\ ,\ a_{\max} \in A_i\ 时，A_i = [0,0,\cdots,1]\ ;$$

$$当\ a_{\min} \leqslant a \leqslant a_{\max}\ ,\ A_i = \left[\max\left\{0, 1 - \frac{|a - a_i|}{\Delta}\right\}\right]\ 。$$

以上为一级模糊近似推论过程，若只引入单个检测值对木材密度进行预测，则对以上计算结果进行信息集中即可得到预测值。本试验中，IML 微钻阻力仪的旋转阻力值（R）和前进阻力值（F）两个参数变量对木材密度的预测影响程度不同，因此应在综合考虑各变量影响权重的基础上，进行二级模糊近似推论。根据式 4，通过权重数组（A'）和模糊矩阵（R'）的组合运算，即可得到二级模糊近似推论的结果。

$$B' = A' \times R' \tag{4}$$

式中：A' 为各变量的影响权重。

本试验中，通过对两个测量参数在不同影响权重下的交叉组合运算确定 A' 值。经计算，当旋转阻力值（R）和前进阻力值（F）的影响权重为 $A' = [0.2，0.8]$ 时，预测值的平均相对误差最小，为 3.82%。

（3）信息集中

为求取最佳预测值，将 B' 代入式 5，所得结果即为最终预测值。

$$D = \frac{\sum_{i=1}^{n}(B'_i)^m \cdot D_i}{\sum_{i=1}^{n}(B'_i)^m} \tag{5}$$

式中：D 为木材密度的最终预测值；

$\quad\quad D_i$ 为木材密度的等级划分值；

$\quad\quad m$ 为常数，视情况而定，本试验中取 $m = 2$。

4.2.2.3　预测结果分析

表 4-6 所示为运用信息扩散模型的预测结果和通过传统方法测定的木材密度值之间的对比。通过对数据的分析可见，运用信息扩散原理可以较好地定量化应用微钻阻力的检测数据，建立起其与木材密度值的关系。该方法不需要了解样本的分布情况，也不需要构造隶属函数，所需数据量小，且预测精度较高。在确定了两个参数影响权重的条件下，其最小平均相对误差为 3.82%，预测值与实际值间的决定系数达到 0.98。

木材密度预测值与实际值的对比（杉木）　　　　　　　　表 4-6

试件树种	实际密度值(g/mm³)	预测密度值(g/mm³)	相对误差(%)
杉木(安徽歙县)	0.406	0.430	0.060
	0.439	0.435	0.008
	0.401	0.430	0.072
	0.420	0.432	0.028
	0.398	0.430	0.080
	0.407	0.430	0.057
	0.408	0.433	0.059
	0.403	0.430	0.068
	0.400	0.430	0.076
	0.398	0.430	0.080

4.2.2.4　不同树种验证

由上文分析可知，运用信息扩散模型，通过微钻阻力值对杉木材密度进行预测的方法是可行的。为扩大该分析模型在现场检测数据处理中的适用度，本试验中又选取了其他两个树种的检测数据，对此进行验证。任意选取硬木松旧材试件和小叶杨旧材试件的各 10 个检测数据作为分析样本，运用上述模型构建方法对数据进行分析，预测结果见表 4-7。

木材密度预测值与实际值的对比（硬木松、小叶杨）　　　　表 4-7

试件树种	实际密度值（g/mm³）	预测密度值（g/mm³）	相对误差
硬木松(北京)	0.683	0.689	0.008
	0.686	0.689	0.004
	0.650	0.646	0.006
	0.693	0.690	0.005
	0.708	0.690	0.026
	0.680	0.688	0.011
	0.690	0.689	0.001
	0.723	0.690	0.045
	0.696	0.690	0.009
	0.668	0.688	0.030
小叶杨(山西长治)	0.430	0.436	0.015
	0.405	0.430	0.062
	0.431	0.434	0.008
	0.405	0.430	0.062
	0.400	0.430	0.076
	0.460	0.451	0.020
	0.399	0.430	0.077
	0.401	0.431	0.074
	0.444	0.440	0.008
	0.427	0.433	0.014

由表中数据可知，信息扩散模型基于微钻阻力值对不同树种的密度预测效果皆较为良好，说明方法是可行的。综合表 4-6 和表 4-7 的数据，可以发现木材密度值越大的树种，其检测误差越小。例如密度最大的硬木松，其预测平均相对误差为 1.45%，而密度最小的杉木，其预测平均相对误差达到 5.87%。分析原因：密度越大的树种，其组织质地越密实，微钻阻力仪的探针在电机驱动下钻入时，测量路径上的木材组织和探针之间的接触更加充分，其材质本身对探针功率输出的反馈效果也更加完全和直接；反之，密度越小的树种，其组织质地则越疏松，在探针钻入的测量路径上，会由于探针的高速旋转而产生大量木屑，从而对探针的功率输出造成一定的干扰，进而影响测量数据的精确性。此外，杉木具有心材和边材密度差异大的材质特性，因此在制作标准规格尺寸试件时，势必也会造成各试件间采集数据的离散性偏大，从而增大预测的误差。但总体上看，该预测模型仍然是通过微钻阻力数据预测木材密度的一种有效方法，而该模型对于其他不同树种的适用程度与有效性，有待进一步的试验研究。

4.3　不同条件对无损检测数据的影响

试验室测得的数据，通常是在一种理想环境状态下获得的，如木材含水率恒定在

12%，钻针以恒定的速率钻入等。而在现场检测作业中，由于我国木结构古建筑分布广泛，树种选材多样，其材质质地差异很大，加之不同地区所处的温、湿度环境也是差异显著，因此，在基于无损检测结果来预测木构件的材质性能时，应考虑到不同条件（构件个例、环境条件、设备参数条件等）对古建筑现场检测的微钻阻力值和应力波速率值等参数的影响，必要时需将所测得的微钻阻力值和应力波速度等参数进行归一化处理。

本节中将分别探讨在不同年代、不同含水率和不同微钻阻力钻针速率的条件下，无损检测值的变化规律。

4.3.1 年代对无损检测数据的影响规律

按照一般的思维定式，往往认为构件的年代越久远，其材质性能衰减越明显。但从试验个例来看，如图4-12～图4-15所示，旧材试件所检测出的材质性能比新材试件还要高；再综合对其他树种清材试件的试验结果（本文中未详细列出）进行分析，有些树种新材试件的检测数据偏高，有些树种旧材试件的检测数据偏高，有些树种则数据点基本重合。因此，可以判断，木材材质性能检测值的高低与选材树木的个例素质有关，与年代的关系不大。通俗言之，即年轻人的身体素质普遍高于老年人，但不否认会存在健康的老年人身体素质高于虚弱的年轻人的情况。

根据新旧材试件的无损检测数据对比分析来看，在未存在残损缺陷且含水率水平正常的情况下，旧木构件不会存在明显的材质性能衰减的情况，一般在检测评估确定后，可正常使用。

4.3.2 含水率对无损检测值的影响规律

4.3.2.1 设置不同含水率检测的意义

不同地区的环境温湿度条件，可以造成古建筑中木构件的含水率存在较大差异，加之同一古建筑中不同位置的构件（如向阳面构件和背阴面构件）以及同一构件在一年中的不同季节，其含水率往往也存在较大变化。含水率的变化，往往会对木材的各项材质性能指标产生较为显著的影响。[124] 因此，通过分析研究木材含水率对无损检测中微钻阻力值和应力波速率值的影响规律，建立不同含水率条件下对应的归一化计算公式，是提高预测精度的有效途径。

4.3.2.2 试验方法

（1）试验材料与条件设定

本试验选用的试件条尺寸为 20mm×20mm×300mm，树种为杉木，取自安徽歙县，新、旧材试件各任意选取 10 个。

选定 0、12%、16% 和 20.5% 四个含水率值为条件设定点，分别在这四个含水率条件下采集试件条的微钻阻力值和应力波速率值。参照《木结构试验方法标准》GB/T50329-2012[125] 和其他相关木材测试方法，以 12% 为标准含水率，试件在不同含水率条件下的归一化公式采用：

$$y_{12} = y_W[a(W-12)+1] \tag{6}$$

式中：y_{12} 为实测微钻阻力值或应力波速率值转化为 12% 含水率条件时的对应值；

y_w 为实测微钻阻力值或应力波速率值；

a 为拟合系数值；

W 为实测含水率（％）。

（2）试验方法与步骤

将试件条放置于国产 HDL 智能人工气候箱（HPG-280HX）中，使其在某一个恒定的温湿度条件下，调整含水率直至质量恒定。四个平衡含水率点（12％、16％、20.5％和0）各自所对应的温湿度设置条件为 65％和 20℃、80％和 20℃、90％和 20℃及绝干状态。

分别在每一个平衡含水率点条件下，对试件条进行微钻阻力检测和应力波检测，检测设备分别为 Resistograph PD 型微钻阻力仪和 FAKOPP 应力波测量仪（Microsecond Timer）。分别测得在相应含水率条件下的微钻阻力值和应力波传播速率值。

根据式 6，综合前期试验中对同一试件在 12％含水率条件下所测得的检测数据进行比值分析，分别找出不同含水率条件下微钻阻力值和应力波传播速率值的换算模型。

4.3.2.3　影响规律分析

（1）含水率对微钻阻力值的影响规律

含水率对微钻阻力值的影响规律如图 4-17 所示。从图中可知，无论新、旧材的杉木试件，其微钻阻力值随着含水率的增大皆呈减小趋势，这其中，试件年代对这种减小趋势的影响不明显。此外，由图中拟合线条的斜率可以判断，新、旧材试件皆体现出：含水率的变化对微钻旋转阻力值的影响不明显，而对微钻前进阻力值的影响较大。

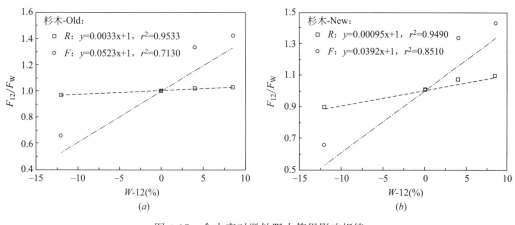

图 4-17　含水率对微钻阻力值得影响规律

（a）杉木旧材试件；（b）杉木新材试件

（2）含水率对应力波传播速率值的影响规律

含水率对应力波传播速率值的影响规律如图 4-18 所示。从图中可知，无论新、旧材的杉木试件，其应力波的传播速率值随含水率的增大皆呈减小趋势。

（3）不同含水率的换算关系式

根据以上试验数据，基于式 6 可确定不同含水率条件转换为标准含水率 12％条件下的换算关系式（表 4-8）。运用此换算关系式，在现场检测中可解决无法人工调节被测构件含水率的问题，使检测数据归一化，便于统计分析。下一步应在试验室检测数据的基础上，确定针对不同树种的此换算关系式，并建立数据库，方便现场检测时调取。

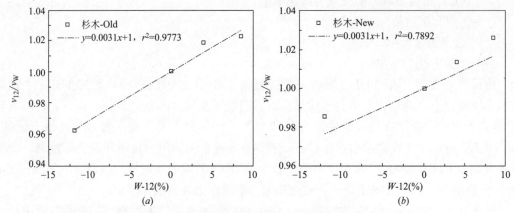

图 4-18　含水率对应力波传播速率值的影响规律

（a）杉木旧材试件；（b）杉木新材试件

不同含水率对无损检测数据的换算关系　　　　　　　表 4-8

检测类别	试件树种	试件年代	参数类型	a	r^2
微钻阻力值	杉木（安徽歙县）	新材	R	0.0095	0.7829
			F	0.0392	0.8510
		旧材	R	0.0033	0.9533
			F	0.0523	0.7130
应力波传播速率值		新材	v	0.0032	0.7598
		旧材	v	0.0031	0.9773

4.3.3　钻针速率对微钻阻力值的影响规律

4.3.3.1　设置不同钻针速率检测的意义

由于缺乏统一的测试标准或方法，在实际的检测操作中，选用的设备参数往往因人而异，所测得的不同构件和同一构件的检测结果无法比较或作为长期判断依据。现阶段的相关研究中，对微钻阻力检测值的获取，多是在一个恒定进针速率条件下进行的，试验参数设置相对较单一，针对钻针速率对微钻阻力值的影响规律的研究尚不多见。本试验中所采用的 IML 木材微钻阻力仪可设置不同的钻针旋转速率（Drilling Speed）和前进速率（Feed Speed），并可同时采集旋转微钻阻力值和前进微钻阻力值两组数据。基于此，尝试若干不同的参数设置组合，探讨在不同条件下，钻针的旋转速率和前进速率对微钻阻力值的影响规律，从而提高其应用的精确度和普适度。

4.3.3.2　试验设计及步骤

（1）试验材料和设备

试验选用试件条尺寸为 20mm×20mm×300mm，树种为杉木，取自安徽歙县，旧材试件，数量为 10 个。试验设备采用 IML-RESI 木材微钻阻力仪。

（2）试验方法与步骤

分别对试验设备的钻针旋转速率和前进速率参数进行设置，并交叉搭配组合。本试验分别采用 5 档旋转速率（V_r）和 5 档前进速率（V_f），每个试件样本共采集 25 组微钻阻力值。每组微钻阻力值包括旋转阻力值（R）和前进阻力值（F），见表 4-9。

不同旋转速率和前进速率交叉组合 表 4-9

	$V_{r1}=1500(\mathrm{r/min})$	$V_{r2}=2000(\mathrm{r/min})$	$V_{r3}=2500(\mathrm{r/min})$	$V_{r4}=3500(\mathrm{r/min})$	$V_{r5}=5000(\mathrm{r/min})$
$V_{f1}=25(\mathrm{cm/min})$	R_{11}/F_{11}	R_{12}/F_{12}	R_{13}/F_{13}	R_{14}/F_{14}	R_{15}/F_{15}
$V_{f2}=50(\mathrm{cm/min})$	R_{21}/F_{21}	R_{22}/F_{22}	R_{23}/F_{23}	R_{24}/F_{24}	R_{25}/F_{25}
$V_{f3}=100(\mathrm{cm/min})$	R_{31}/F_{31}	R_{32}/F_{32}	R_{33}/F_{33}	R_{34}/F_{34}	R_{35}/F_{35}
$V_{f4}=175(\mathrm{cm/min})$	R_{41}/F_{41}	R_{42}/F_{42}	R_{43}/F_{43}	R_{44}/F_{44}	R_{45}/F_{45}
$V_{f5}=200(\mathrm{cm/min})$	R_{51}/F_{51}	R_{52}/F_{52}	R_{53}/F_{53}	R_{54}/F_{54}	R_{55}/F_{55}

在数据采集过程中，因钻针钻入试件时会产生直径约 3mm 的贯穿型孔洞，故为保证测量路径的完整性，并避免路径间的相互干扰，本试验规定相邻测试点之间的距离不小于 5mm，使钻孔均匀排布，并避开试件的边缘位置。

最后对采集的数据进行分析处理，探讨每一种参数条件下，R 和 F 之间的相对比例关系以及在不同 V_r 和 V_f 组合的条件下，R 和 F 各自的变化趋势和规律。

4.3.3.3 试验结果分析

（1）同一参数条件下 R 和 F 的关系

由表 4-9 可知，微钻阻力仪每完成一次数据采集操作（即每钻入一针），即可获得 R 和 F 两个阻力值。设 δ 为两者的比例系数，令 $\delta_{nm}=R_{nm}/F_{nm}$。通过对全部 250 组样本数据进行汇总分析，数据分布情况如图 4-19 所示，最大值 $\delta_{\max}=1.361$，最小值 $\delta_{\min}=0.394$，平均值 $\delta_{\mathrm{ave}}=0.736$，标准差 $SD=0.189$，变异系数 $CV=24\%$。

图 4-19 显示，全体样本数据基本符合正态分布，且 δ 值在 $0.540\sim1.020$ 范围内的样本数量占全体样本数量的 86%。因此可判定，在任何设备参数条件下，微钻阻力检测的每一次钻针过程，其旋转阻力和前进阻力之间都存在相对固定范围的比例关系。

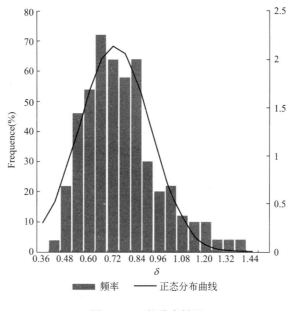

图 4-19 δ 的分布情况

（2）不同参数组合条件下 R 和 F 的变化趋势

图 4-20 所示分别为全体样本的旋转阻力值（R）和前进阻力值（F）随钻针旋转速率

V_r 和前进速率 V_f 的不同而呈现出的变化趋势。由图可知，R 和 F 皆随着 V_r 的增大而呈衰减趋势，即旋转速率越快，旋转阻力和前进阻力皆越小；而 R 和 F 皆随着 V_f 的增大而呈增大趋势，即前进速率越快，旋转阻力和前进阻力皆越大。

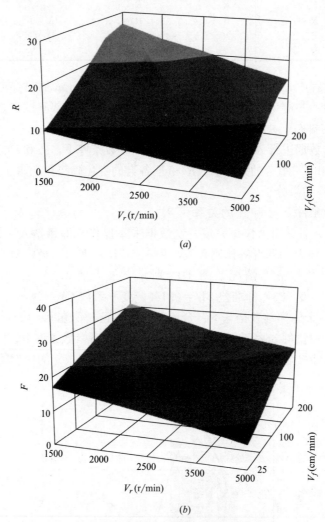

图 4-20　微钻阻力值随钻针速率的变化趋势

（a）旋转阻力值；（b）前进阻力值

从图 4-20 中曲面的曲率起伏来看，图形基本呈近似平面状，因此可判断，R 和 F 的增大与衰减趋势基本呈线性分布，即随着 V_r 和 V_f 的变化，与 R 和 F 的衰减或增大趋势应存在相对固定的比例关系。

（3）R 和 F 变化趋势的定量化分析

为确定 R 和 F 与 V_r 和 V_f 之间变化趋势的定量化函数关系，分别对 R 和 F 的数据进行分组归一化处理，分析其在一种参数变化条件下的变化趋势。

1）V_r 对 R 和 F 的影响。

将表 4-9 中的数据按行进行分组，每个样本共可分为 5 组数据，全部样本共 50 组数据。考查在固定 V_f 条件下，每组 R 和 F 随 V_r 的变化而呈现的变化趋势。参考式 7 和式

8，分别对每组数据进行归一化处理：

$$\lambda_r = \frac{R_{nm}}{R_{nm\,max}} \tag{7}$$

$$\lambda_f = \frac{F_{nm}}{F_{nm\,max}} \tag{8}$$

式中，λ_r 和 λ_f 分别表示在同一钻针前进速率下，随着钻针旋转速率的变化，R 和 F 的变化系数；$R_{nm\,max}$ 和 $F_{nm\,max}$ 分别表示每组数据的最大旋转阻力值和最大前进阻力值。λ_r 和 λ_f 的计算结果如图 4-21 所示。从图中可见，在每组 V_f 一定的情况下，随着 V_r 的增大，R 和 F 衰减趋势相对一致，且其变化系数也相对统一，呈现出线性分布特征。其回归方程分别为 $\lambda_r = -0.4\ln(V_r) + 3.9085$ 和 $\lambda_f = -0.337\ln(V_r) + 3.4529$。其决定系数分别达到 0.897 和 0.716。可认为，在任何钻针前进速率下，钻针旋转速率每增大 1 倍，则其旋转阻力和前进阻力分别减小 λ_r 倍和 λ_f 倍。

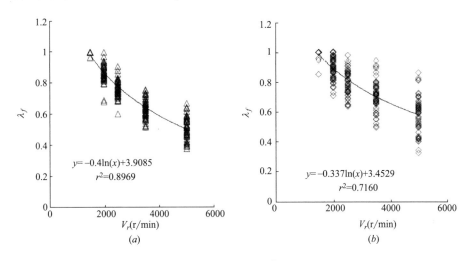

图 4-21　微钻阻力值随旋转速率的变化趋势
(a) 旋转阻力值；(b) 前进阻力值

2）V_f 对 R 和 F 的影响。

同理，将表 4-9 中的数据按列进行分组，考查在固定 V_r 条件下，每组 R 和 F 随 V_f 变化而呈现出的变化趋势。参考式 9 和式 10，分别对每组数据进行归一化处理：

$$\omega_r = \frac{R_{mn}}{R_{mn\,max}} \tag{9}$$

$$\omega_f = \frac{F_{mn}}{F_{mn\,max}} \tag{10}$$

式中，ω_r 和 ω_f 分别表示在同一钻针旋转速率下，随着钻针前进速率的变化，R 和 F 的变化系数；$R_{mn\,max}$ 和 $F_{mn\,max}$ 分别表示每组数据的最大旋转阻力值和最大前进阻力值。

ω_r 和 ω_f 的计算结果如图 4-22 所示。从图中可见，在每组 V_r 一定的情况下，随着 V_f 的增大，R 和 F 的增大趋势相对一致，且其变化系数也相对统一，呈现出线性分布特征。其回归方程分别为 $\omega_r = 0.3225\ln(V_f) - 0.7427$ 和 $\omega_f = 0.2358\ln(V_f) - 0.2774$，其决定系数分别达到 0.965 和 0.853。可认为，在任何钻针旋转速率下，钻针前进速率每增大 1 倍，

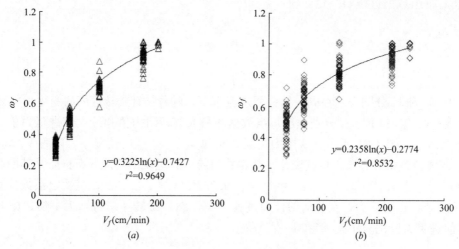

图 4-22　微钻阻力值随前进速率的变化趋势

（a）旋转阻力值；（b）前进阻力值

则其旋转阻力和前进阻力分别增大 ω_r 倍和 ω_f 倍。

3）数据统计。

根据以上试验结果，并参考式 7～式 10，可分别推导出杉木旧材试件在检测设备的一个设置条件恒定的情况下，其微钻阻力值随另一个设置条件变化而变化的规律，见表4-10。下一步应在试验室检测数据的基础上，确定微钻钻针速率的变化对不同树种微钻检测数据的影响规律，确立换算关系式，并建立数据库，方便现场检测时调取。

不同钻针速率对微钻阻力检测值的换算关系　　　　　表 4-10

参数条件设置	试件树种	变化系数	$\lambda = a\ln V + b$　$\omega = a\ln V + b$		
			a	b	r^2
V_r 一定，随 V_f 的增大	杉木（旧材，安徽歙县）	λ_r	-0.4000	3.9085	0.897
		λ_f	$-.0.3370$	3.4529	0.716
V_f 一定，随 V_r 的增大		ω_r	0.3225	-0.7427	0.965
		ω_f	0.2358	-0.2774	0.853

4）相关性分析。

从 λ_r 与 λ_f、ω_r 与 ω_f 函数的决定系数的比较可以看出，λ_r 的决定系数大于 λ_f，ω_r 的决定系数大于 ω_f，表明其数据离散性更小。因此可判断，在微钻阻力检测过程中，旋转阻力值更能直接精确地反映钻针速率参数的变化情况。由对 λ_r、λ_f、ω_r、ω_f 四个函数的决定系数的比较可以看出，ω_r 的决定系数最大，达到 0.965，而 λ_f 的决定系数最小，说明旋转阻力值对进针速率变化的反应最为敏感和准确。因此，在实际操作中，如遇木材节疤等缺陷造成钻针无法高速率钻入的情况，可调低微钻阻力仪的钻针前进速率，并计算其旋转阻力值的变化情况，即可精确掌握缺陷处的材质性能变化趋势，并可达到降低钻针磨损、保护设备安全的目的。

4.4　本章小结

传统的材料力学性能试验方法，试验流程规范，所得数据可靠，但其对试验条件要求苛刻（试件尺寸、设备规格等），且是破坏性试验，显然不适用于对古建筑木构件的现场检测。本章内容基于"最小干预"的原则思路，尝试对同一试件分别进行无损检测和传统力学性能试验，分别获取试件的无损检测数据（微钻阻力值、应力波传播速率值）和木材力学性能指标（木材密度、MOE、MOR、UCS），运用不同的统计方法建立二者之间的换算关系，并明确不同试验条件（年代、含水率、钻针速率）对无损检测数据的影响规律，从而为古建筑木构件的现场检测工作提供计算依据。

通过建立二元一次回归模型，可以基于无损检测数据结果较好地预测木材的各项材质性能指标信息：①利用微钻阻力值可以预测木材密度，前进微钻阻力值（F）较之旋转微钻阻力值（R），拟合效果更好，能够更为准确地预测。②利用微钻阻力（F、R）和应力波传播速率值（v）构成的波阻模量（Rv^2、Fv^2）可以预测顺纹抗压强度（UCS）、抗弯强度（MOR）和抗弯弹性模量（MOE），利用微钻前进阻力值构成的波阻模量（Fv^2）进行预测，拟合效果更好。

利用微钻阻力值对木材密度进行预测的方法，除了线性回归模型外，还可利用信息扩散模型进行预测：①线性回归模型仅能求取旋转阻力值（R）和前进阻力值（F）各自与木材密度的关系，而运用信息扩散模型，可以确定不同测量变量对预测结果的影响权重，计算表明，当旋转阻力值和前进阻力值的影响权重分别为 0.2 和 0.8 时，对木材密度的预测相对误差最小。②运用信息扩散模型对木材密度进行预测，能够避开隶属度函数的求取，且预测的精度和稳定性皆较好，最小平均相对误差仅 3.82%，是一种有效的使用无损检测技术预测木构件材质性能的手段与方法，也为微钻阻力检测数据的挖掘应用提供了一种新的思路。

在未存在残损缺陷且含水率水平正常的情况下，新旧材的材质性能检测数据与其选材树木的个例素质有关，年代对其的影响规律不明显。

木材含水率的变化，会直接影响无损检测数据的变化，且这种影响规律呈一元线性关系。对于杉木材而言，无论试件年代如何，这种影响规律是一致的：①微钻阻力值（F、R）随着含水率的增大而呈减小趋势，这其中，前进阻力值（F）的衰减趋势更为明显，而旋转阻力值（R）的衰减趋势不明显，可见木材含水率对微钻前进阻力的影响会更大。②应力波传播速率值（v）随着含水率的增大而减小，且衰减趋势明显。通过对二者关系建立二元一次回归模型，可在现场检测中对不同含水率状态下的构件进行无损检测数据采集，使得数据具有可比性和参照性。

微钻阻力检测设备的钻针旋转速率和前进速率的变化对其阻力值有显著的影响：①在相同钻针速率条件下的每一次入针检测，其旋转阻力值和前进阻力值的比值（即两者的倍数关系）数值范围相对固定，基本稳定在 0.5～1.0 的范围之内，如检测数据超出此范围过多，则需检查检测路径的木材是否存在缺陷或试验操作是否正确。②微钻旋转阻力值和前进阻力值皆与钻针旋转速率和前进速率的变化存在较强的趋势性关系，即：钻针旋转速率增大，其旋转阻力值和前进阻力值皆减小，且无论前进速率如何，其变化系数相对固定；而钻针前进速率增大，其旋转阻力值和前进阻力值皆增大，且无论旋转速率如何，其变化系数相对固定。③相关性分析表明，在微钻阻力检测中，旋转阻力值更能直接精确地反映钻针速率参数的变化情况。在实际操作中，如遇木材坚硬难以钻入的情况，可调低钻针前进速率，并考查其旋转阻力值，既可得到精确数值，又可保护检测设备。

第 5 章　木构件内部残损面积无损检测方法[❶]

　　木结构建筑具有很多众所周知的优点，如重量轻、跨度大、构件可更换以及良好的抗震性能等。但是作为一种多向异性的生物质材料，木材也存在着很突出的弱点，因其具有较复杂的内部结构，因此在自然条件下容易受到空洞、虫蛀和开裂等内部残损的侵袭。[126]

　　容易让木材产生内部残损的主要因素有：

　　(1) 室外环境因素，如将木材暴露于辐射、潮湿和温度的变化之中，虫蛀和白蚁侵袭等。

　　(2) 人为破坏，如人类战争造成的损伤，不当修缮造成的损伤等。

　　(3) 材质特性造成的生物降解效应。

　　这些内部残损的发生，最直接的体现就是会造成木构件的有效截面降低。与许多其他建筑材料一样，木构件有效截面的降低，不仅会造成其承载力的降低甚至丧失，严重时还会影响整个建筑的可靠性。因此，在木结构古建筑的检测勘查或结构健康监测中，通过非破损的手段确定木构件的内部情况，是相当重要的前提条件。这一步工作的完成，可以为古建筑修复过程中快速和精确地评估木构件的内部残损等级提供良好的基础性数据支撑。[127]

　　无损检测技术，对很多建筑材料而言，例如钢材、混凝土、木材等，被认为是获取材料信息数据、提高诊断精度的有效途径。在众多无损检测手段中，应力波检测技术是木构件残损检测中应用得较多的一种，它可以通过矩阵变换和图形重构的方式生成显示木构件截面情况的计算机模拟图像，如果被测对象存在截面降低的情况，即可直观地反映出来。[128]

　　应力波检测技术的基本原理是基于声波在不同介质中的传播速率不同这个本质，声波在健康木材中的传播速率会远大于在有空洞或裂缝的木材中的传播速率。[129-131] 由本书第3章中的筛选分析也可以看出，多路径应力波检测可以通过图像的颜色区分来直观有效地诊断出木构件的截面内部情况。本章将通过有针对性的试验设计，着重探讨应力波检测对构件不同类型和尺寸的内部残损的识别能力，并尝试利用数据统计（马氏距离判别法）和微钻阻力修正的方法提高检测识别的精度。

5.1　应力波技术对内部残损的检测与识别

5.1.1　逆向模拟试验模型的构建

5.1.1.1　试验思路

在本书第2章中已有相关介绍，木材在截面髓心的位置组织质地松软，最易产生空

　　[❶] 本章所有图片书后附彩图，详见第151面"彩图附录"。

90

洞、开裂、腐朽等残损形态。因此，试验的思路就是基于逆向推导的方法，在木构件横截面的髓心位置，通过人工挖凿的方式，模拟不同形状、不同面积的空洞、腐朽、开裂等残损形态，并对其进行应力波无损检测。

通过对检测结果的统计分析，探讨应力波检测对各种残损形态图像识别的灵敏度和精确度，分析应力波检测识别的残损面积（T）和实际挖凿的残损面积（S）之间的数值关系与误差，基于此提出针对相应树种的应力波检测残损面积修正公式，从而实现在现场操作中，通过公式对检测结果进行"正向"修正，达到对古建筑木构件内部残损精确化预测的目的。

5.1.1.2　试验材料的选择与加工

根据本书第 3 章中的构件树种调查结果，试验选取北京、安徽和山西三地古建筑修缮工程中拆卸下来的旧木构件作为试验原材料（图 5-1）。构件原使用性质皆为承重柱（圆柱），经树种鉴定，构件树种分别为硬木松、冷杉、榆木和黄山松（图 5-2）。选取各构件中截面完

图 5-1　典型旧木构件（山西地区）

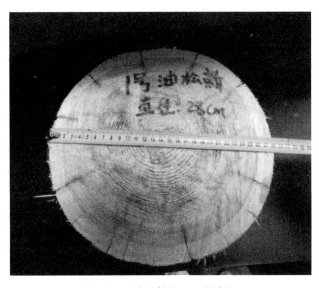

图 5-2　试验试件之一（硬木松）

整、无明显树节和裂缝缺陷的位置，分别锯取高度为100mm的饼状试件若干作为试验材料，要求锯面平整且上下锯面尽量保持平行。分别在试件的截面中心位置按不同面积比例挖凿贯穿型孔洞和筛状孔洞，以模拟现实中木材出现的空洞、腐朽和裂缝等缺陷。分别对各试件进行编号，3个树种共锯取试验试件16个，各试件规格和模拟残损类型见表5-1。

试验材料概况 表5-1

| 试件编号 | 树种 | 规格 | | 含水率 | 取材来源 | 测试针数 | 模拟残损类型 |
		高度（mm）	截面积（cm²）				
LS-1	冷杉	100	1051	10.6%	北京	10	圆形孔洞
LS-2						10	矩形孔洞
LS-3						10	三角形孔洞
LS-4						10	矩形孔洞（逐级扩大）
LS-5						10	圆形孔洞（逐级扩大）
LS-6						10	三角形孔洞（逐级扩大）
YMS-1	硬木松	100	651	8.7%	北京	6	圆形孔洞
YMS-2						6	矩形孔洞
YMS-3						6	三角形孔洞
YMS-4						10	矩形孔洞（逐级扩大）
YMS-5						10	圆形孔洞（逐级扩大）
YMS-6						10	三角形孔洞（逐级扩大）
YM-1	榆木	100	535	9.6%	山西	10	圆形分布筛孔
YM-2						10	圆形孔洞
HSS-1	黄山松	100	928	10.1%	安徽	6/10	圆形孔洞

5.1.1.3 检测方法流程

试验设备采用匈牙利产FAKOPP多点应力波检测仪（FAKOPP 3D Acoustic Tomograph）。根据试件截面尺寸的不同，分别用橡皮锤敲入感应探针10个和6个，感应探针位置按试件周长平均分布。在截面的几何中心位置人工挖凿出不同形状、面积和形态的孔洞，逐个敲击感应探针，得到应力波波速数值和计算机二维模拟图形，每个孔洞状态敲击三组数据，取其平均值进行分析。

（1）不同孔洞形状的应力波测试

将LS-1、LS-2、LS-3、YMS-1、YMS-2、YMS-3作为该组试验的试件。分别在其截面几何中心位置挖凿出边长100mm的等边三角形、边长100mm的正方形和直径100mm的圆形贯穿型孔洞，并对其进行应力波数据采集。

（2）不同孔洞面积的应力波测试

将LS-4、LS-5、LS-6、YMS-4、YMS-5、YMS-6作为该组试验的试件。分别在试件的几何中心位置逐次挖凿出面积为$S_0/32$、$S_0/16$、$S_0/8$、$S_0/4$、$S_0/2$（S_0为试件截面积）的矩形、圆形和三角形贯穿型孔洞。挖凿一个面积等级的孔洞，进行一次应力波数据采集，逐次进行。

（3）不同残损形态的应力波测试

将YM-1、YM-2、YM-3作为该组试验的试件。分别在试件的几何中心位置逐次挖凿出相同直径（或长度）的圆形贯穿型孔洞和筛状分布孔洞，并对其进行应力波数据采集。

（4）不同检测针数的应力波测试

将 HSS-1 作为该组试验的试件。在试件的几何中心位置挖凿出面积为 $S_0/4$（S_0 为试件截面积）的圆形贯穿型孔洞。分别对其进行 6 个感应探针和 10 个感应探针的应力波数据采集。

5.1.1.4　软件识别原理

对于应力波技术对木材内部残损的检测的基本原理，本书第 3 章中已有介绍，本试验中采用的 FAKOPP 3D Acoustic Tomograph 应力波检测仪也是基于相同的原理进行工作的，即通过设备自带的 ArborSonic 3D 软件对采集到的应力波传播时间数据进行矩阵变换和图形处理，得到以不同颜色显示的木构件截面内部情况计算机模拟图像。通过颜色区分即可以清楚地显示出健康材和内部残损，并对残损位置和面积进行粗略判定（图 5-3）。[132]

完整　　　　　　　　　　　　　　　　　　腐朽　　　　空洞

图 5-3　应力波检测显示颜色图例

同时，针对不同树种的内部残损所对应的"速率-颜色"识别范围不尽相同的问题，在 ArborSonic 3D 软件中，存有大部分常见树种的数据库，在检测前可以对树种进行选择设置。例如该软件对冷杉树种图像显示为内部残损设定的默认应力波速率识别值范围为 $843 \sim 1102 \mathrm{m/s}$。为体现应力波无损检测技术的现场应用性，本试验的数据采集皆在软件默认的树种参数条件下获得，并对其进行数据分析。

5.1.2　不同空洞形状的应力波识别

由 LS-1、LS-2、LS-3，YMS-1、YMS-2、YMS-3 试件的应力波检测图像可见，ArborSonic 3D 软件可以较准确地反映出孔洞在截面中的相对位置。但如图 5-4、图 5-5 所示，两个树种的试件，无论孔洞的形状如何，其应力波检测图像皆显示为截面内部的近似圆形残损孔洞，未能识别出不同几何形状的内部孔洞。因此可以判断，应力波测试仪自带软件对孔洞形状的识别精确度不高。

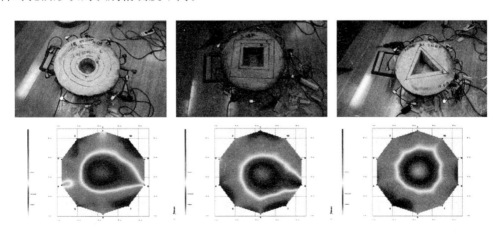

图 5-4　不同形状孔洞的应力波图像（冷杉）

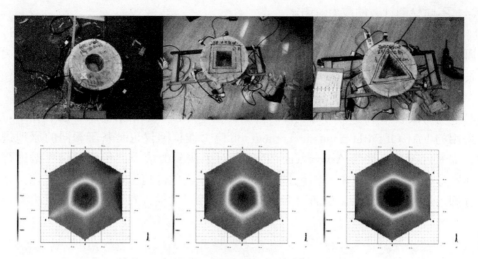

图 5-5　不同形状孔洞的应力波图像（硬木松）

5.1.3　不同空洞面积的应力波识别

LS-4、YMS-4 试件在截面孔洞面积逐级扩大的情况下的 ArborSonic 3D 软件显示图像如图 5-6、图 5-7 所示，计算出的检测面积（T）和实际挖凿的孔洞面积（S）的具体数值见表 5-2。

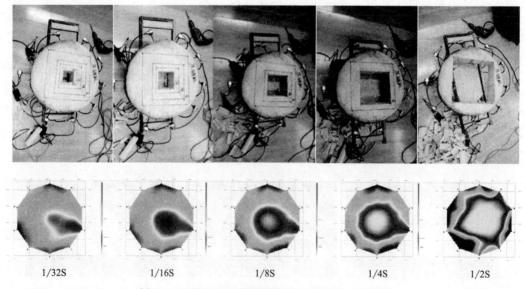

| 1/32S | 1/16S | 1/8S | 1/4S | 1/2S |

图 5-6　不同面积矩形孔洞的应力波图像（冷杉）

从图中可以直观地看到，在确定树种参数的情况下，ArborSonic 3D 软件的模拟图像可以较明显地显示出孔洞尺寸比例变化的梯度关系，因此，可用于木构件内部残损的定性判断。但分析表 5-2 的数据可知，在软件默认参数设置条件下，图像模拟出的检测面积（T）和实际挖凿的孔洞面积（S）之间存在较大误差，且孔洞面积愈小，则误差愈大，最大误差达 74%。

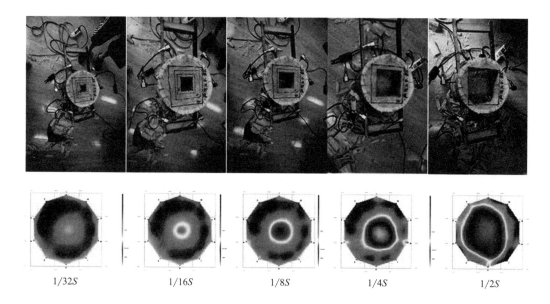

$1/32S$　　　$1/16S$　　　$1/8S$　　　$1/4S$　　　$1/2S$

图 5-7　不同面积矩形孔洞的应力波图像（硬木松）

检测面积与实际面积值（矩形）　　　　　　表 5-2

树种	孔洞比例	T（检测面积）(cm^2)	S（实际面积）(cm^2)	误差率
冷杉	$S_0/32$	174.12	45.34	74%
	$S_0/16$	203.14	90.69	55%
	$S_0/8$	362.75	181.36	50%
	$S_0/4$	493.34	362.75	26%
	$S_0/2$	769.03	725.50	5%
硬木松	$S_0/32$	61.50	19.22	69%
	$S_0/16$	98.40	38.44	60%
	$S_0/8$	141.45	76.88	46%
	$S_0/4$	202.95	153.75	24%
	$S_0/2$	246.00	307.50	11%

通过进一步试验，分别在 LS-5、LS-6、YMS-5、YMS-6 试件中逐级挖凿面积比例为 $S_0/32$、$S_0/16$、$S_0/8$、$S_0/4$、$S_0/2$ 的圆形和三角形孔洞（其中试件 LS-5 和 LS-6 因材性原因，其 $S_0/2$ 孔洞面积未挖凿），检测数据见表 5-3 和表 5-4。

检测面积与实际面积值（圆形）　　　　　　表 5-3

树种	孔洞比例	T（检测面积）(cm^2)	S（实际面积）(cm^2)	误差
冷杉	$S_0/32$	174.12	45.34	74%
	$S_0/16$	261.18	90.69	65%
	$S_0/8$	406.28	181.36	55%
	$S_0/4$	609.42	362.75	40%
硬木松	$S_0/32$	43.05	19.22	55%
	$S_0/16$	73.80	38.44	48%
	$S_0/8$	116.85	76.88	34%
	$S_0/4$	166.05	153.75	7%
	$S_0/2$	295.20	307.50	4%

检测面积与实际面积值（三角形）　　　　　　表 5-4

树种	孔洞比例	T（检测面积）(cm^2)	S（实际面积）(cm^2)	误差
冷杉	$S_0/32$	164.51	45.34	45%
	$S_0/16$	203.14	90.69	55%
	$S_0/8$	362.75	181.36	50%
	$S_0/4$	740.01	362.75	50%
硬木松	$S_0/32$	36.90	19.22	48%
	$S_0/16$	116.85	38.44	67%
	$S_0/8$	172.20	76.88	55%
	$S_0/4$	227.55	153.75	32%
	$S_0/2$	276.75	307.50	11%

结果显示，不论挖凿的孔洞形状如何，其结果的趋势是基本一致的。因此可知，应力波测试仪在软件自带的树种参数设置条件下，对试件截面孔洞有一定的定性识别能力，但不宜于对构件内部孔洞面积进行定量化判断。

5.1.4　不同残损形式的应力波识别

YM-1、YM-2 试件分别模拟在截面空洞和截面腐朽逐级扩大的情况下，ArborSonic 3D 软件的识别精度，测试图像如图 5-8 所示。

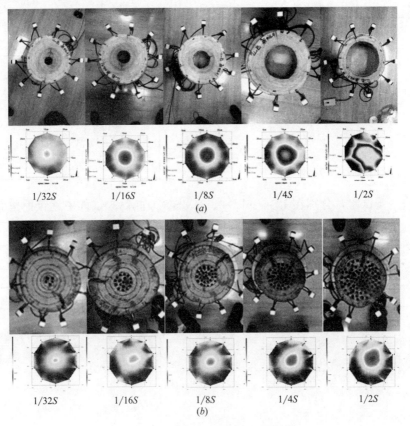

图 5-8　不同残损形式的应力波图像

（a）模拟空洞；（b）模拟腐朽

由图 5-8 中颜色显示可见，在 YM-1 试件模拟空洞的情况下，模拟残损位置显示为蓝色（空洞），在 YM-2 试件模拟腐朽的情况下，模拟残损位置显示为红色（腐朽）。因此判断，应力波测试仪能够较准确地分辨出构件内部的完全空洞状态和仍有木材纤维组织松散相连的腐朽状态。进而分析 ArborSonic 3D 软件对具体残损面积的判断，见表 5-5。

不同残损形式的应力波面积识别　　　　　　　　　表 5-5

实际模拟缺陷面积	检测残损面积比例				
	1/32S	1/16S	1/8S	1/4S	1/2S
YM-1(模拟空洞面积判断)	4%	7%	15%	31%	61%
YM-2(模拟腐朽面积判断)	1%	4%	10%	18%	34%

由表中数据比较可见，在残损面积相同的情况下，应力波检测对空洞面积的判断相比对腐朽面积的判断偏大。此外，应力波检测对空洞面积的判断普遍比实际挖凿面积大，这也符合上一节中对不同空洞面积识别的数据规律；对腐朽面积的判断普遍比实际挖凿面积小，但从数据规律上看，误差率比空洞的检测误差率要偏小，最大误差也仅 16%。因此可以判断，应力波检测对腐朽的识别精确度要高于对空洞的识别精确度。

5.1.5　不同检测针数的应力波识别

分别对 HSS-1 试件进行 6 个感应探针和 10 个感应探针的应力波检测，其识别情况如图 5-9 所示。从图中可见，无论感应探针是 6 个还是 10 个，应力波检测图形皆能直观反映出试件截面内部残损的情况，但感应探针数越多，检测图像对试件整体轮廓和残损轮廓的模拟越符合真实情况。

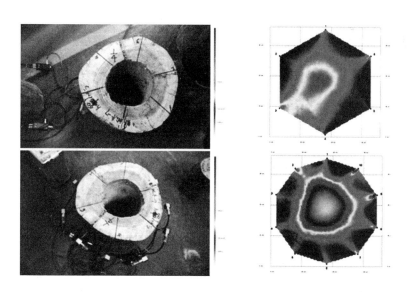

图 5-9　不同检测针数的应力波图像

5.1.6　实际空洞面积与检测面积的初步拟合

通过对该组试验 LS-4、LS-5、LS-6、YMS-4、YMS-5、YMS-6 的数据分析可知，在

模拟孔洞面积识别方面，虽然应力波检测的图像识别面积（T）和实际挖凿面积（S）之间存在显著误差，但二者之间存在明显的线性相关关系。对表 5-2～表 5-4 的数据进行线性拟合，其回归曲线如图 5-10 所示。

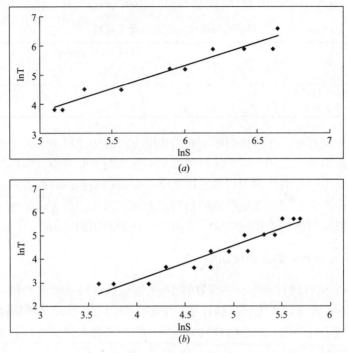

图 5-10　检测面积与实际面积线性关系

（a）冷杉；（b）硬木松

二者满足以下线性函数关系：

$$\ln S = a\ln T + b \tag{1}$$

式中：S——实际挖凿的孔洞面积；

　　　T——图像模拟出的检测面积；

　a，b——树种调整系数。

根据试件 LS-4、LS-5、LS-6 的测试结果得出的关于冷杉树种的应力波检测孔洞面积修正公式为：

$$\ln S = 1.5776\ln T - 4.1477 \quad (r^2 = 0.9462) \tag{2}$$

根据试件 YMS-4、YMS-5、YMS-6 的测试结果得出的关于硬木松树种的应力波检测孔洞面积修正公式为：

$$\ln S = 1.4633\ln T - 2.7471 \quad (r^2 = 0.9046) \tag{3}$$

经过公式修正后，可以为应力波测试仪软件模拟出的检测孔洞面积和实际挖凿的孔洞面积建立初步的数量关系。从拟合效果来看，两个树种试件的决定系数（r^2）皆达到了 0.9 以上，因此可以认为，$\ln S$ 和 $\ln T$ 之间显著相关。利用公式修正后，可使应力波检测在图像显示定性化的基础上，对数据进行量化分析，从而提高其检测的精确度，提高应力波检测技术在现场环境下的可操作性。通过试验获取了几种常用树种的调整系数（a、b）和决定系数（r^2）的值，见表 5-6。在未来的工作中，可通过试验收集大量模拟样本的检测数据，拟合出不同树种所对应的树种调整系数值，建立树种数据库，从而运用于现场条件下对应力波检测数据的分析。

	树种调整系数		表 5-6
	a	b	r^2
冷杉	1.5776	-4.1477	0.9462
硬木松	1.4633	-2.7471	0.9046
黄山松	4.0532	-17.273	0.9068
小叶杨	0.8612	0.8834	0.9864
榆木	0.5513	2.4390	0.9793

5.2　内部残损面积与应力波波速的关系

5.2.1　应力波检测的本质

由上文分析可知，应力波检测的原理，其本质就是对应力波在木材中不同两点间传播速率的数据统计和图像重构。通过敲击检测设备的感应探针获取各两点之间的应力波传播时间，通过设备自带软件计算得到两点间的应力波传播速率，构建波速矩阵，并通过矩阵变换得到被测截面的二维颜色识别图像，从而判断木材截面的材质情况。在设备软件的树种数据库中，不同树种会对应不同的缺陷情况下波速衰减识别阈值。在检测前设置树种信息，根据对应的识别阈值，在二维颜色识别图像中，显示颜色将从绿色（健康）逐步变为红色（腐朽）或者天蓝色（空洞）。通过前期的试验可知，基于软件自带数据库中的波速衰减默认设置对试件内部残损情况进行判断，虽可定性判断，但对残损面积的定量判断精度不高。[133] 因此，本节中将对应力波传播速率衰减规律进行分析，基于数据统计的方法对试件内部空洞面积进行预测，从而尝试提高判断的精度。

5.2.2　不同残损面积的应力波波速衰减规律

5.2.2.1　试验模型的建立

试验思路与上节相同，同样基于逆向模拟的手段，在试件的截面中心位置人工挖凿不同面积比例的贯穿型孔洞，以模拟木构件的空洞残损形态，然后对其进行 6 个感应探针的应力波检测。试件取自与 5.1.4 节中的同一旧木构件，出自山西某民居古建筑，树种为榆木。共锯取 6 个试件，高度皆为 100mm，截面积平均值为 535cm²，直径为 280mm。挖凿孔洞的面积分别为 1/32S、1/16S、1/8S、1/4S 和 1/2S（S 为完整试件截面积），并逐级扩大，其分别对应的孔洞直径为 50mm、70mm、100mm、140mm 和 200mm（因考虑到人工操作的误差，挖凿直径经四舍五入取到十位数的整数）。试件编号为 YM-3～YM-8，其中某一试件的检测图像如图 5-11 所示。

5.2.2.2　应力波波速衰减统计分析

在本试验中，首先在未挖凿孔洞之前对试件进行应力波测试，获取各感应探针之间的应力波传播速率值，记为初始比较值 V_0，而后分别将每种孔洞面积状态下的应力波传播速率值与该初始比较值进行对比，获取波速衰减值，作为孔洞面积判断的计算依据。在试

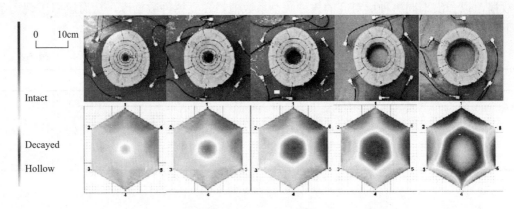

图 5-11　实际孔洞面积和应力波检测识别面积对比

件截面中的传播速率根据传播路径的不同分为三类，包括：①相邻两点间的传播速率：V_{a12}、V_{a23}、V_{a34}、V_{a45}、V_{a56}、V_{61}，其平均值统一记作 V_{a0}；②相隔两点间的传播速率：V_{b13}、V_{b24}、V_{b35}、V_{b46}、V_{b51}、V_{b62}，其平均值统一记作 V_{b0}；③对角两点间的传播速率：V_{c14}、V_{c25}、V_{c36}，其平均值统一记作 V_{c0}（图 5-12）。V_{a0}、V_{b0} 和 V_{c0} 就是三种传播路径下的初始比较值。

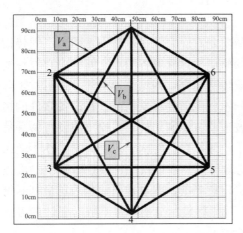

图 5-12　应力波在构件截面传播的三种路径

在三种传播路径下的应力波速率值统计见表 5-7。由表中数据可知，在试件未挖凿孔洞的初始状态下，三种传播路径下的波速（V_{a0}，V_{b0}，V_{c0}）在数值上没有显著差别，最大值为 1321m/s，最小值为 1146m/s，标准差为 43.31，变异系数（CV）为 3.48%。三种路径下的传播速率平均值分别为：$V_{a0}=1255$m/s，$V_{b0}=1239$m/s，$V_{c0}=1243$m/s（此三个值即为初始比较值）。在此基础上，即可得到各孔洞状态下的波速衰减值和衰减系数。

应力波传播速率数据分析　　　　　　　　　　　　　　表 5-7

孔洞状态	传播速率	最大值(m/s)	最小值(m/s)	标准差	变异系数(%)	衰减值(m/s)	衰减系数 δ(%)
无孔洞	V_a	1301	1193	43.31	3.48	0	0
	V_b	1268	1173			0	0
	V_c	1321	1146			0	0
1/32S 孔洞	V_a	1262	1177	66.60	5.63	32	2.55
	V_b	1249	1148			21	1.70
	V_c	1140	1022			137	11.02
1/16S 孔洞	V_a	1272	1169	92.08	7.95	28	2.23
	V_b	1234	1110			39	3.15
	V_c	1092	954			197	15.85
1/8S 孔洞	V_a	1260	1159	127.45	11.42	33	2.63
	V_b	1206	1089			67	5.41
	V_c	1011	861			289	23.25

续表

孔洞状态	传播速率	最大值(m/s)	最小值(m/s)	标准差	变异系数(%)	衰减值(m/s)	衰减系数 δ(%)
1/4S 孔洞	V_a	1256	1171			40	3.19
	V_b	1130	997	182.16	17.65	165	13.32
	V_c	892	708			436	35.08
1/2S 孔洞	V_a	1099	1018			197	15.70
	V_b	911	806	215.43	26.28	389	31.40
	V_c	590	515			691	55.59

从波速的衰减分析来看，随着挖凿孔洞面积的扩大，三种路径下的传播速率皆呈衰减趋势，但衰减的快慢程度不同，V_c 的衰减最快，而 V_a 的衰减最慢（图 5-13）。分析原因：V_c 的传播路径皆通过试件的几何中心，而一旦有孔洞存在，应力波势必发生绕行，从而增大传播路径的距离，这就意味着在两点间需要更多的传播时间，因此对角点之间的传播速率衰减最为明显。同一组孔洞状态下的 V_a、V_b 和 V_c 数值的标准差和变异系数皆呈增大趋势，在 1/2S 的孔洞状态下，其值分别达到 215.43 和 26.28%。因此可以判断，随着孔洞面积的扩大，三种路径下传播速率的绝对值之差会增大。

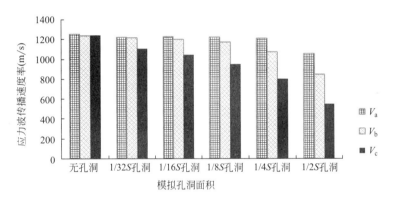

图 5-13　三种路径下应力波传播速率的衰减趋势

应力波传播速率的衰减系数 δ_m 计算公式为：

$$\delta_m = \frac{v_{m0} - v_{mk}}{v_{m0}} \times 100\%\qquad(4)$$

式中：　　　$v_{m0}(m=a，b，c)$——三种路径下的应力波传播速率平均初始比较值；

$v_{mk}(m=a，b，c；k=1，2，3，4，5)$——分别在 1/32S、1/16S、1/8S、1/4S、1/2S（S 为试件截面积）孔洞状态下，三种路径的应力波传播速率平均值。

5.2.2.3　波速衰减关系分级

由上文的分析可知，三种路径下的应力波传播速率存在不同的衰减趋势。当衰减系数 δ_m 达到 10% 时，即可认为该面积比例的截面孔洞已对该路径的应力波传播速率产生显著影响。可见三种路径的应力波传播速率与试件截面的孔洞面积相关关系显著，通过对三类传播路径波速之间的衰减关系分析，可以快速判断试件截面内部的残损面积情况，见表 5-8。

通过不同传播路径波速的衰减率判断残损面积　　　　　　　　表 5-8

孔洞状态	δ_a	δ_b	δ_c
无孔洞	−	−	−
1/32S 孔洞	−	−	+
1/16S 孔洞	−	−	+
1/8S 孔洞	−	−	++
1/4S 孔洞	−	+	++
1/2S 孔洞	+	++	+++

注："−"代表 $\delta_m \leqslant 10\%$；"+"代表 $10\% \leqslant \delta_m \leqslant 20\%$；"++"代表 $20\% \leqslant \delta_m \leqslant 50\%$；"+++"代表 $\delta_m \geqslant 50\%$。

5.2.3　残损面积的判别方法

5.2.3.1　对应力波检测结果的数据分析

对检测勘查数据进行统计分析和深度挖掘，常被用于结构健康监测评价的工作中，往往是提高预测准确性的一种有效的途径，也被认为是检测勘查工作重要的一部分。统计分析的方法模型有很多，如神经网络模型（Neural Networks）[134]、模糊识别模型（Fuzzy Pattern Recognition）[135]、自回归模型（An Autoregressive Model）[136] 以及马氏距离判别模型（Malanalobis Distance Discrimination）[137]。在本试验中，将分析应力波速在不同传播路径和不同孔洞面积情况下的衰减规律，并在此基础上，尝试运用马氏距离判别模型，建立二者之间的关系模型，从而更加精确地修正应力波检测对构件内部残损状况的判断。

5.2.3.2　马氏距离判别模型（Mahalanobis Distance Discrimination Model）原理

距离判别分析法是基于样本属性参数判别其所属类别的一种常用的统计分析方法。其基本原理是：基于已有类别的已知样本数据信息，根据其数据分布的规律性，建立判别依据和判别准则，对未知样本的类别进行判别归类。其基本宗旨就是：样本距离哪个总体最近，就判定样本属于哪个总体。[138-139]

马氏距离判别模型的推导过程如下：

设总体 $G = [X_1, X_2, \cdots, X_k]^T$ 是 k 维总体（考察 k 项判别因子），其中样本 $X = [x_1, x_2, \cdots, x_k]^T$。令 $\mu_i = E(X_i)$ $(i = 1, 2, \cdots, k)$，则总体均值向量为 $\mu = (\mu_1, \mu_2, \cdots, \mu_k)^T$。总体 G 的协方差矩阵为：

$$\sum = \mathrm{Cov}(G) = E[(G - \mu)(G - \mu)^T] \tag{5}$$

假定 $\sum > 0$（$\sum$ 为正定矩阵），则两样本 X_i，$X_j (i = 1, 2, \cdots, k; j = 1, 2, \cdots, k)$ 间的马氏距离定义为：

$$d^2(X_i, X_j) = (X_i - X_j)^T \sum{}^{-1} (X_i - X_j) \tag{6}$$

样本 X 到总体 G 的马氏距离定义为：

$$d^2(X, G) = (X - \mu)^T \sum{}^{-1} (X - \mu) \tag{7}$$

设有 p 个 k 维总体 $G_1, G_1, \cdots, G_p$，其均值向量分别为 $\mu_1, \mu_2, \cdots, \mu_p$，协方差矩

阵分别为 Σ_1，Σ_2，$\cdots$，Σ_p。从中任意给定一个 k 维样本 $X = [x_1, x_2, \cdots, x_k]^T$，通过计算样本到每个总体的马氏距离，将其归类到与其马氏距离最小的总体中。归类依据为：

$$\text{若 } d^2(X, G_i) = \min[d^2(X, G_i)] \quad (i = 1, 2, \cdots, k) \tag{8}$$

则 $X \in G_i$。

5.2.3.3　基于马氏距离判别模型对孔洞面积的预测

（1）判别等级和标准

根据马氏距离判别模型的基本原理，在本试验的数据处理中，G 即指代试件截面的孔洞面积等级。构建的判别模型中，G 共分为 6 个总体，见表 5-9。

判别的等级和标准　　　　　　　　　　　　表 5-9

判别等级（G）	判别标准
G_0	无孔洞
G_1	孔洞面积不大于 $1/32S$
G_2	孔洞面积不大于 $1/16S$
G_3	孔洞面积不大于 $1/8S$
G_4	孔洞面积不大于 $1/4S$
G_5	孔洞面积不大于 $1/2S$

（2）选取判别因子

本模型中共选取 6 个判别因子，其中包括三种路径下应力波传播速率各自的衰减系数以及三种路径下应力波传播速率绝对值的两两比值关系，见表 5-10。

判别因子定义　　　　　　　　　　　　表 5-10

考察样本	样本定义
X_1	δ_a
X_2	δ_b
X_3	δ_c
X_4	V_a/V_b
X_5	V_b/V_c
X_6	V_a/V_c

（3）判别结果分析

本试验中，将 YM-3～YM-7 作为判别模型的学习样本，通过上述方法，对样本截面内部孔洞的面积等级进行判别；将 YM-8 作为验证样本，对判别模型进行验证，判别结果见表 5-11。从表中可见，判别结果和实际孔洞情况完全吻合，误判率为 0，因此充分说明了基于应力波波速衰减规律分析，利用距离判别模型对木构件内部残损面积进行分类预测的合理性。该方法简单、有效，解决了应力波颜色识别图像对截面残损面积缺乏识别精度的问题，并且有效避免了人为因素的干扰。

马氏距离判别模型的判别结果　　　　　　　表 5-11

试件编号	判别因子						实际孔洞等级	判别结果
	$\delta_a(X_1)$ (%)	$\delta_b(X_2)$ (%)	$\delta_c(X_3)$ (%)	V_a/V_b (X_4)	V_b/V_c (X_5)	V_a/V_c (X_6)		
YM-3	0	0	0	1.0171	1.0236	1.0410	无孔洞	G_0
YM-4	0	0	0	1.0232	0.9837	1.0065		G_0
YM-5	0	0	0	1.0008	0.9945	0.9953		G_0
YM-6	0	0	0	0.9984	1.0201	1.0185		G_0
YM-7	0	0	0	1.0079	1.0072	1.0151		G_0
YM-8	0	0	0	1.0309	0.9553	0.9849		G_0
YM-3	1.34	2.13	10.82	1.0253	1.1233	1.1517	孔洞面积不大于 1/32S	G_1
YM-4	2.19	1.49	9.62	1.0160	1.0721	1.0893		G_1
YM-5	3.33	2.07	10.27	0.9878	1.0854	1.0722		G_1
YM-6	3.79	1.97	10.86	0.9799	1.1218	1.0993		G_1
YM-7	0.94	1.42	10.76	1.0128	1.1125	1.1268		G_1
YM-8	3.46	1.03	13.70	1.0056	1.0956	1.1018		G_1
YM-3	2.01	5.37	16.75	1.0532	1.1635	1.2254	孔洞面积不大于 1/16S	G_2
YM-4	2.27	1.49	13.94	1.0151	1.1259	1.1430		G_2
YM-5	3.17	3.73	17.93	1.0066	1.1665	1.1742		G_2
YM-6	1.97	3.31	12.15	1.0122	1.1227	1.1364		G_2
YM-7	1.73	2.61	14.58	1.0171	1.1483	1.1679		G_2
YM-8	2.23	2.22	19.61	1.0308	1.1620	1.1977		G_2
YM-3	2.85	7.16	24.87	1.0643	1.2648	1.3461	孔洞面积不大于 1/8S	G_3
YM-4	3.24	4.39	22.25	1.0355	1.2096	1.2526		G_3
YM-5	1.67	5.48	25.51	1.0412	1.2619	1.3139		G_3
YM-6	2.84	4.57	20.19	1.0165	1.2198	1.2399		G_3
YM-7	1.81	4.59	19.44	1.0373	1.1929	1.2374		G_3
YM-8	3.15	6.10	27.25	1.0633	1.2331	1.3111		G_3
YM-3	1.88	15.00	38.22	1.1745	1.4082	1.6540	孔洞面积不大于 1/4S	G_4
YM-4	2.83	10.27	30.73	1.1090	1.2741	1.4129		G_4
YM-5	3.79	14.69	42.97	1.1304	1.4875	1.6814		G_4
YM-6	5.32	12.38	28.24	1.0819	1.2455	1.3475		G_4
YM-7	2.41	10.60	29.32	1.1009	1.2740	1.4025		G_4
YM-8	3.58	16.88	40.80	1.1973	1.3414	1.6061		G_4
YM-3	13.41	31.29	53.49	1.2816	1.5122	1.9381	孔洞面积不大于 1/2S	G_5
YM-4	17.57	32.64	55.09	1.2522	1.4755	1.8475		G_5
YM-5	14.84	32.96	55.53	1.2713	1.4991	1.9059		G_5
YM-6	16.11	31.70	58.57	1.2263	1.6816	2.0621		G_5
YM-7	13.74	32.12	52.99	1.2809	1.4542	1.8627		G_5
YM-8	18.45	27.81	57.46	1.1647	1.6210	1.8879		G_5

5.3　微钻阻力检测对内部残损的识别与修正

5.3.1　单一检测手段的局限性

应力波检测的优点是能够直观地确定截面残损的位置，但对残损的形状、边界位置等信息的定位精确性不足。

微钻阻力检测的优点在于对内部残损的定位比较准确，且通过分析阻力曲线的衰减形态，可大致确定残损的类型；其缺点是只能获取单路径上的一维检测数据，无法获取截面整体的残损情况，信息量较为有限。[140]

5.3.2　内部残损的微钻阻力修正

5.3.2.1　修正的基本思路

综合对应力波检测和微钻阻力检测各自优缺点的分析可以看出，二者具有很大的互补性，一个偏重于二维"面"上的直观定性，一个偏重于一维"线"上的精确定量。因此，如果能将两种检测手段相结合，发挥二者的优势，并通过互补消除劣势，将是提高截面残损面积判断精度的一个有效途径。[141-142]

修正的思路是：在微钻阻力检测中通过多条路径相交叉的形式，使一维的检测线组合形成二维的检测面，连接各检测路径上的残损边界点，从而提高对残损的边界轮廓的预测精度，并形成对已有应力波检测图形的修正参考，使残损面积和形状轮廓的检测值更加精确。其操作流程如图 5-14 所示。

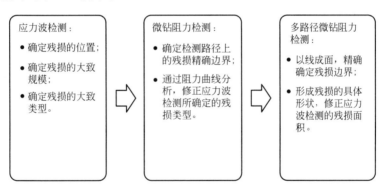

图 5-14　微钻阻力对应力波的修正流程图

5.3.2.2　修正计算

图 5-15 所示为试验原理与条件示意图，设定构件截面为圆形，截面中心存在不规则形状的残损缺陷。通过对前期试验结果进行分析总结可知，显然应力波检测只能分辨出残损缺陷的位置和大概面积，不能识别残损的形状和精确面积，而微钻阻力检测也只能在残损缺陷单路径上反馈出阻力曲线衰减的迹象。因此，尝试通过多路径微钻阻力进针检测对应力波检测结果进行修正，其步骤如下：

（1）分别以相同的夹角 α，过被测构件的圆心，对其进行微钻阻力进针检测，即可认为将构件截面过圆心 n 等分（其中 n 必为偶数），可见两条相邻检测路径的夹角为 $\alpha = \dfrac{360^\circ}{n}$，检测路径数为$\frac{n}{2}$（图中给出的示例是 4 条进针检测路径，分别相隔 45°，呈"米"字形分布）。

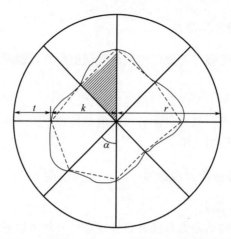

图 5-15   微钻阻力检测对残损面积的预测示意图

（2）每条检测路径即是试件截面的直径，即每条检测路径的总长度为 d。通过对检测路径上的微钻阻力曲线形态进行分析，可以分别量取钻针经过健康材的路径长度（t）和经过残损部位的路径长度（k），每条检测路径的数据分布由以下四部分组成：

$$d = t_i + k_i + k_{i+n/2} + t_{i+n/2} \quad (1 < i < n) \tag{9}$$

图 5-16 所示为某检测路径上的孔洞位置及尺寸的数据分布情况。

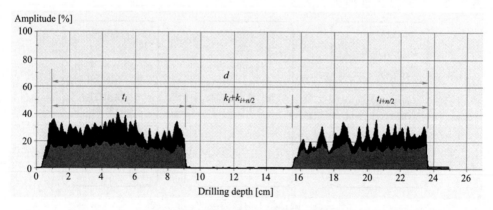

图 5-16   某检测路径的数据分布情况

（3）分别连接两条相邻检测路径上 t 和 k 的分界点，围合成由微钻阻力检测而得出的残损轮廓路径，即可形成残损形状的基本轮廓信息。分析可见，残损轮廓可以看作是由 n 个以圆心为顶点，以相邻的两条残损部位路径（长度为 k_i 和 k_{i+1}）为邻边的三角形而组成，如图 5-15 中的阴影部分所示。分别计算每个三角形的面积，并将其累加，即可得到残损总面积信息。

由三角形面积计算公式可得每个三角形的面积 P_i 为：

$$P_i = \frac{1}{2} k_i k_{i+1} \sin \frac{360°}{n} (1 < i < n) \tag{10}$$

（4）每条检测路径上，残损长度可以看作是由呈 180°夹角的 k_i 和 $k_{i+n/2}$（$1<i<n$）两段组成的。如果 $k_i=k_{i+n/2}$，则只要将量取的残损总长度除以 2 即可得到其各自的数值；如果 $k_i \neq k_{i+n/2}$，则无法通过残损总长度而确定其各自的数值，而检测路径上两段钻针通过健康材的长度 t_i 和 $t_{i+n/2}$ 是可以分别直接量取到的。因此，通过换算可知：$k_i=d/2-t_i$。

（5）将 n 个三角形的面积累加，即可得到残损的总面积 P：

$$P = \sum_{i=1}^{n-1} P_i = \sum_{i=1}^{n-1} \frac{1}{2}(d/2-t_i)(d/2-t_{i+1})\sin\frac{360°}{n} \tag{11}$$

（6）由图中分析可知，如果相邻两检测路径的夹角 α 越小，即过圆心的检测路径越密集，则通过检测数据而连出的残损轮廓与真实的残损轮廓的拟合程度就会越精确。理想情况下，当 $\alpha \to 0$，则检测轮廓等于真实轮廓，但在实际操作中，该情况是不可能出现的。因此，合理确定检测路径的数量，是在检测强度和检测精度之间求得一个合理平衡点的重要因素。可以先尝试密度较低的检测路径分布（譬如"十字交叉"路径），如果各路径的 k_i 数值差别不大，则说明残损轮廓比较规整，可以降低路径密度；如果各路径的 k_i 数值存在较大差别，则说明残损轮廓较不规整，这时就需要考虑增大路径密度，以提高检测的精度。

5.4　实例分析与现场应用

基于上文的试验结果，选取古建筑上更换下来的树种相同并存在一定残损的旧木构件，对其进行应力波数据采集，同样在 ArborSonic 3D 软件的默认树种参数设置条件下生成构件截面的应力波颜色识别图像。运用上文公式进行计算后与实际缺陷面积进行对比，以此验证公式的适宜性。

验证用旧木试件分别取材自北京吕祖宫和护国寺修缮工程中更换下来的残损构件，构件基本情况见表 5-12。

旧木构件基本情况　　　　　　　　　　　　　　　　表 5-12

编号	试件来源	树种	截面情况			含水率
			截面尺寸(cm)	截面积(cm²)	截面形状	
JMGJ-1	北京吕祖宫	冷杉	19×25	475	近似矩形	15.3%
JMGJ-2	北京护国寺	硬木松	$d=34$	907	近似圆形	12.9%

从二者的截面现状可以清楚地目测到，由于长期荷载作用和木材本身的材性缺陷，这两段旧木构件皆已存在干缩开裂和节疤压裂的截面残损，有效截面显著降低，严重影响构件的使用安全。

使用 FAKOPP 应力波测试仪分别对这两段旧木构件进行应力波测试，ArborSonic 3D 软件显示的检测模拟图像如图 5-17 所示。软件计算出的内部缺陷面积分别为 JMGJ-1：$T_1=$ 71.25cm²，JMGJ-2：$T_2=217.68$cm²。分别将 T_1 和 T_2 代入式 2 和式 3，得到应有的实际残损面积约为 $S_1=13.23$cm²，约占整体截面的 2.7%，$S_2=169.00$cm²，约占整体截面的 18.6%。将所计算出的 S_1 和 S_2 数值比例与构件实际残损进行对比发现，面积比例基本吻合，如图 5-18 所示。因此可看出，应力波测试结果通过上述修正公式换算后，可更加准确地预测木构件的内部缺陷情况。

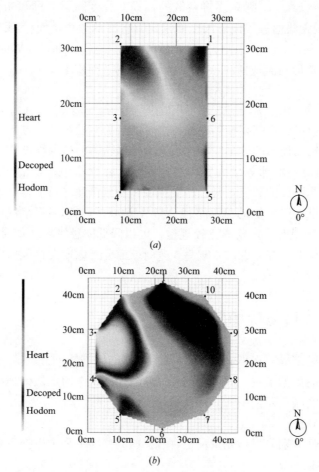

(a)

(b)

图 5-17　旧木构件的截面应力波图像
（a）JMGJ-1；（b）JMGJ-2

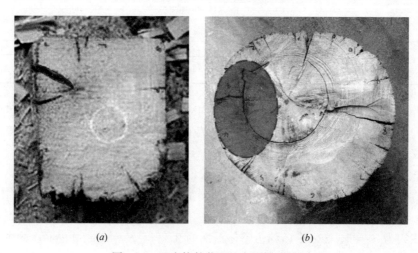

(a)　　　　　　　　　　　　　　(b)

图 5-18　旧木构件截面的实际缺陷情况
（a）JMGJ-1；（b）JMGJ-2

5.5　本章小结

应力波检测二维颜色识别图像可较直观地显示木构件的截面内部情况，并定性判断截面残损的位置和尺寸的层级变化，但对截面残损的具体面积的定量预测存在较大误差，且残损面积愈小，误差愈大，最大误差值达到 74%。应力波颜色识别图像显示的孔洞面积（T）和实际人工挖凿的孔洞面积（S）的线性关系明显。根据以上特征，通过逆向模拟试验的方法收集数据，并建立二者的线性关系方程，确定不同树种的调整系数 a、b，对应力波检测数据进行修正和调整，可增加应力波检测对残损面积判断的精确性和现场可操作性。

应力波在三种路径下的传播速率衰减规律与木构件截面残损面积相关关系显著。随着截面孔洞面积的扩大，三种路径下的应力波传播速率皆存在衰减，但衰减快慢程度不同，对角两感应探针间的波速衰减最快，相邻两感应探针间的波速衰减最慢，最人标准差和变异系数分别达到 215.43 和 26.28%。当其中某一路径的传播速率与无残损情况下的速率相比衰减 10% 以上时，即可认为该面积比例的截面残损对该路径的传播速率产生显著影响。通过综合对比三种路径的波速衰减关系，可对截面残损面积快速地进行分级判断。

距离判别模型选用应力波三种路径的速率衰减系数及速率绝对值的比值关系等六个参数作为判别因子，对木构件中人工挖凿的截面孔洞面积进行判断，基本无误判，模型简单有效。因此，可以认为它对木构件截面内部残损面积具有较强的判别能力。

通过微钻阻力曲线的衰减情况，可以判断单路径上试件截面内部的残损情况，并精确度量该路径上的残损长度。基于此原理，沿相同的夹角，皆过试件的几何中心，进行多路径的微钻阻力检测，分别获取检测路径上健康材的长度（t）和残损长度（k），连接相邻路径 t 和 k 的临界点，以线成面，可求取残损的面积。微钻阻力检测路径越密，则求取的面积与实际残损面积的拟合程度越高。

第6章　木结构古建筑现场检测流程及创新

　　一切关于检测勘查技术的探讨，归根结底都是为了更好地应用于现场实践工作，不然只能是"纸上谈兵"。试验室数据通常只是一种理想状态下的反映，而木结构古建筑的现场检测工作往往面临着许多更为复杂的情况，例如构件数量大、构件年代不统一、周边环境复杂、现场作业面狭窄等，这就对检测勘查工作提出了更高的要求。只有建立一个适用于大部分古建筑木构件现场检测的技术流程，方能使前期的理论探讨工作落到实处，形成生产力。

　　木结构古建筑的整体结构形式、荷载水平、构件种类等皆与现代建筑有很大区别，且一般都经历数百年的风雨侵蚀和地震破坏等自然灾害以及人为破坏和屡次不当修缮的影响，因此，木结构古建筑的构件检测范围、内容、项目、方法及检测抽样方案，皆与针对现代建筑的检测有很大的不同。木结构古建筑构件检测的基本原则，应包括明确检测的目的，了解检测对象，确认检测范围、内容和项目，选择适合的抽样方案和检测方法，且检测项目的抽样数量应符合检测方法标准的要求等。

　　针对木结构古建筑的检测勘查工作，在范畴上可定位为对既有建筑的现状质量的检测勘查。对既有建筑构件性能的检测，其根本目的是通过检测为结构的整体安全性和抗震性提供可靠的鉴定依据和计算参数，因此，在检测中，对重点构件和构件残损部位的检测应作为工作的重点。在木结构古建筑的检测工作中，除了需要达到以上目的外，还需要为构件中所保留的历史信息的获取提供技术支撑。现场的检测工作通常为以下工作提供帮助[143-145]：

　　（1）古建筑的长期监测工作中对构件信息数据的收集与掌握。

　　（2）古建筑修缮前对构件残损缺陷的掌握和整体结构可靠性的鉴定。

　　（3）古建筑受到环境侵蚀或灾害破坏后的鉴定。

　　（4）古建筑在局部改造或加扩建前的可靠性鉴定。

　　对古建筑木构件的检测勘查工作，首先要明确检测的对象范围、内容和项目，并确定被检构件的抽样方案，选择适宜、合理的检测方法。在具体的现场检测勘查工作中，一般情况下，建议遵循以下步骤开展（图6-1）：

　　基于古建筑保护和结构可靠性鉴定的共同思路去建立一个科学化和规范化的古建筑木构件现场检测勘查技术流程，不仅可以提高现场的工作效率，更重要的是可以提高

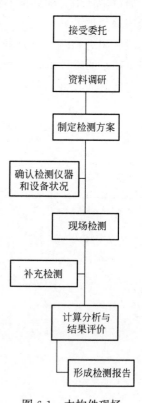

图6-1　木构件现场
检测工作流程

古建筑各类信息数据的系统性和完整性，从而为古建筑保护体系的建立提供充足而有根据的数据支撑。

6.1　抽样方法与检测手段

6.1.1　检测范围与内容的确定

针对木结构古建筑的构件检测勘查工作，其内容和项目要能充分反映保护和修缮工作的需求，并达到检测的目的。检测勘查工作的成果，应既能提供木结构古建筑整体安全性评估所需要的技术参数，又能够为单个构件的保护信息数据库提供基础性资料（如构件树种、年代、残损现状与趋势等信息）。[146] 检测勘查工作的开展，主要从结构整体和构件单体两个层面进行。

（1）结构整体检测勘查：主要包括结构布置、整体变形和荷载现状检测，地基基础勘查，承重构件和构架的受力和变形状态勘查，主要节点和连接的工作状态勘查，围护结构勘查等内容。

（2）构件单体检测勘查：主要包括构件年代勘查，构件几何尺寸勘查，构件树种选择勘查，构件树种力学性能检测（顺纹抗压强度、弯曲强度、弹性模量等），构件外观缺陷与损伤勘查，构件内部残损检测等内容。

6.1.2　选择适合的抽样方法

一般情况下，在对既有建筑的检测勘查中，由于检测内容和项目数量繁多、时间有限等原因，通常无法做到对构件的全数检测，在实际操作中，也无这个必要。因此，一般采取抽样检测的方式进行，即从检验批中按照既定抽样方案抽取一定数量的构件个体组成样本，对样本进行检测，然后再基于样本的检测数据去推断整个检验批的质量情况。通常这种推断方法的结果是具有可靠性的，因此也是目前对既有建筑性能进行检测的常用方法之一。

木结构古建筑检测的主要目的之一是对结构安全性进行评估，在这一点上，可以归类为对既有建筑的检测。因此，在检测实施过程中，可以依据检测要求、检测项目、结构现状等采用与一般既有建筑结构性能检测类似的抽样检测方法。此外，由于古建筑的整体形制和许多构件都蕴含着大量的历史信息，因此在抽样方案的选择上，在满足结构安全性考虑的同时，还应兼顾对重点连接节点和重点构件的关注。

国家标准《建筑工程施工质量验收统一标准》GB50300-2013 中规定，检验批质量的检测评定抽样方案，可根据检验项目的特点进行选择，通常分为全数检验和抽样检验两大类。[147]

主要的抽样方案有如下几类：

（1）计量、计数或计量-计数等抽样方案；

（2）一次、二次或多次抽样方案；

（3）根据生产连续性和生产控制稳定性情况，尚可采用调整型抽样方案；

（4）对重要的检验项目可采用简易快速的检验方法时，可选用全数检验方案；

（5）经实践检验有效的抽样方案。❶

此外，该标准中还规定，在构件截面尺寸和外观质量等的检验项目中，可选用经实践检验有效的抽样方法。这就解决了古建筑木质构件形制、尺寸多样，外观、质量参差不齐的问题。

在《建筑结构检测技术标准》GB/T50344-2004 中，结合建筑结构检测项目的特点，提出了如下几种抽样方案供选择[148]：

（1）建筑结构外部缺陷的检测，宜选用全数检验的方案；

（2）结构与构件几何尺寸与尺寸偏差的检测，宜选用一次或二次计数抽样；

（3）结构连接构造的检测，应选择对结构安全影响大的部位进行抽样；

（4）构件结构性能的实荷检验，应选择同类构件中荷载效应相对较大和施工质量相对较差的构件或受到灾害影响、环境侵蚀影响的构件中有代表性的构件；

（5）按检验批检测的项目，应进行随机抽样；

（6）《建筑工程施工质量验收统一标准》GB50300-2013 或相应专业工程施工质量验收规范规定的抽样方案。❷

《建筑结构检测技术标准》中第 3.3.8 条还规定：当对古建筑和有纪念性的既有建筑结构进行检测时，应避免对建筑结构造成损伤。

同时，由于木结构古建筑的历史性，往往包含大量重要的形制做法和单体构件，因此在对木结构古建筑检测勘查项目的抽样方案中，不应仅关注其结构安全性，还应从其历史性的角度考虑。如地基基础勘查、木构件外观缺陷和损伤勘查、木构件内部残损检测、木材树种检测、木材强度和弹性模量检测、构件和构架的受力和变形状态检测以及主要节点和连接的工作状态检测等，需要在现场允许的条件下尽可能地进行全面勘查，在初步普查的基础上合理划分检验批，进而再进行抽样检测，因此属于计量抽样的范畴。

针对常见木结构古建筑多采用面阔不超过七间、进深不超过三间的木构架形式的特点，参考《建筑结构检测技术标准》中对 B 类的最小抽样数量要求❸，在木结构古建筑的现场检测中，对构件的抽样数量可以参考表 6-1 执行。

木结构古建筑构件检测的最小抽样数量　表 6-1

| 层数 | 开间数 | 檐柱、金柱 | 梁（枋） | | 檩（枋） | 主要节点 |
			主要	次要		
1	1	2	2	2	2	2
	2	2	2	2	3	2
	3	2	2	2	3	3
	5	3	2	2	5	5
	7	5	3	3	8	5
2	3	3	2	2	3	3
	5	5	2	3	5	5
	7	5	3	5	8	5

❶ 《建筑工程施工质量验收统一标准》GB50300-2013 第 3.0.4 条。

❷ 《建筑结构检测技术标准》GB/T50344-2004 第 3.3.11 条。

❸ GB/T50344-2004 中规定：检测类别为 A 类适用于一般施工质量的检测，检测类别为 B 类适用于结构质量或性能的检测，检测类别为 C 类适用于结构质量或性能的严格检测或复检。

6.1.3　选择合适的检测手段

《建筑结构检测技术标准》中规定建筑结构检测方法选择的原则应是根据检测项目、检测目的、建筑结构状况和现场条件等因素综合选择适宜的检测方法。这些原则同样适用于木结构古建筑的检测勘查。

应用于木结构古建筑现场检测勘查的方法应是传统方法与现代方法相结合，相辅相成、互相联系、缺一不可的，并应满足最小干预的要求。例如检测目的决定了是全面检测还是局部或专项检测，同时也决定了检测项目的数量；而构件的缺陷和残损状况又与检测目的和项目的选择直接相关，缺陷和残损情况严重的部位和构件，势必需要增加检测项目的数量。

6.2　检测操作流程

在确定了上述检测抽样方案和检测方法之后，具体的检测勘查操作项目应是在综合考虑现场条件、检测要求、结构特点和木材特性等多方面因素后展开的，如图 6-2 所示。

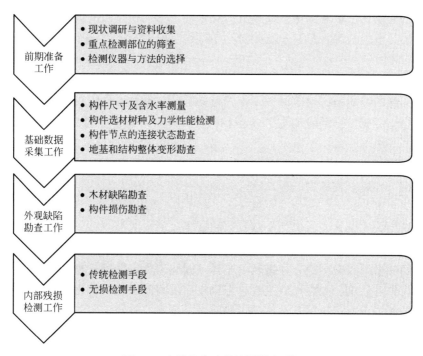

图 6-2　木结构古建筑检测勘查项目

6.2.1　前期准备工作

在具体进行现场检测作业之前的前期准备工作是必不可少的环节，包括对现状的调研和资料的收集及检测设备的选用等。充足而完备的前期工作，不仅可以帮助检测人员更好地了解被测建筑的现状和背景信息，为检测抽样方案的确立提供佐证，还可以提高后期现场检测作业的工作效率，正所谓"磨刀不误砍柴工"。

6.2.1.1　现状调研与资料收集

（1）现状调研

木结构古建筑一般建造年代久远，对它的现状调研主要是考察其目前的状态，特别是对其损坏程度及环境对它的伤害作出评估。除此之外，还应考察它所蕴含的历史信息，有些历史信息是显存于表面上可以直接观察到的，而有些信息则是隐藏于表面之下的，需要借助建筑考古学的方法，对其进行探究。[149]

对于木结构古建筑的现状调研，其工作方式主要包括：①根据调研情况创建现状图纸，图纸中配以详细描述；②观察并调查研究相关构件的表面情况、构造和材料情况及附着物情况，并以合适的方式呈现之；③拍照，必要时可借助数字化技术对调研资料进行数据留存；④保存调研资料的档案文献，为未来的保护工作提供依据。

具体工作内容一般分为外业和内业两大部分展开，包括结构信息调研和历史信息调研：

1）结构信息调研。

结构信息调研应从地基基础结构、围护结构、主要承重结构等方面着手，以主要的木构件承重结构为调研的重点。调查的主要内容包括结构体系选择与承重构件的布置、竖向抗侧力构件的连续性、结构体系平面布置的规则性、构架和屋面的荷载水平、基础沉降情况、构件变形与残损情况、构件间连接节点的形式及残损情况、围护结构类型与残损情况等。

2）历史信息调研。

对历史信息的调研是古建筑保护工作的重要基础，也是历史建筑检测与现代建筑检测最主要的区别。历史信息调研的主要内容包括构架组合形式、造型艺术风格、营造做法、保护措施干预等级等。具体而言，调查的主要内容包括老化及修复的痕迹，装饰和壁画，碑刻文字和题记，材料特性和材料组成成分，构造、构造衔接处及构造过渡处的营造特点，各类孔洞、开口、附加物的存在意义等。

（2）资料收集

与古建筑相关的资料通常包括文献资料和数字化资料两类。

1）文献资料的收集。

文献资料的来源较为广泛，类型较为多样，因此其收集的过程也会相对繁琐，在收集的过程应遵循先易后难、先客观后主观、先官方后民间的思路。首先应借助官方渠道获取关于古建筑的相关历史资料信息，例如古建筑名录清册、古建筑营建档案、当地史志对该建筑的记载、历次修缮记录及其他相关文字记载等。在此基础上，再通过对相关学者和附近居民的走访，获取一定量的参考信息，但此部分资料应审慎参考使用。

例如福建省罗源县县志中对该县某古建筑的详细记载：

圣水寺系县级文物保护单位。位于县城南郊莲花山腰，始建于宋绍圣三年（1096年），现存建筑为明万历年间（1573～1620年）所建。寺坐东朝西偏北，面宽14.24～19.6米，进深58.3米，面积1544平方米。为土木结构，依山而筑，从山门经回廊、"泻露池"、钟鼓楼至大雄宝殿，高差7.25米，上下高低有致，左右布局匀称。大雄宝殿为单檐悬山顶，面宽5间（19.6米），进深6间（13.5米）。殿右为僧舍、客堂；殿左通莲花山，有栖云洞、金钟磉、笔砚峰、紫月岩、眠鹤石诸景点，皆县内名胜。眠鹤石附近原有

龙虎岩，镌有大量宋元明清时期石刻，惜于"文化大革命"时被毁。❶

2）数字化资料的收集。

由于很多古建筑修建年代久远，加之中国古代的建筑营建活动多是工匠间的手口相传，多数未留存有详细的建造记录和施工图纸等原始资料，因此必要时可以利用新兴的数字化手段，如三维激光扫描技术（图 6-3）、"云"数据平台技术等（图 6-4），采集并创建相关的构件信息资料，以资弥补历史上的缺憾，形成完整的建筑资料数据库，为未来的保护工作服务。[150-153] 例如故宫博物院从 2002 年开始就已逐步建立起了"数字故宫"平台，基于虚拟现实和数据库技术，创建了一个文物保护的网络数字平台，不仅可以为游客提供虚拟游览，而且还可以为相关学者查阅资料提供便利。

图 6-3　三维激光扫面技术在古建筑中的应用

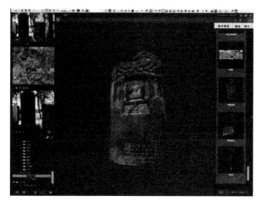

图 6-4　古建筑综合信息数据平台

6.2.1.2　重点检测部位的筛查

在《建筑结构检测技术标准》GB/T50344-2004 中，将建筑中的以下构件作为检测重

---

❶　摘自《罗源县志》第二十八篇第七章第一节——历史文物（方志出版社）。

点关注的部位：

（1）渗水、漏水部位的构件；

（2）受到较大反复荷载或动力荷载作用的构件；

（3）暴露在室外的构件；

（4）受到腐蚀性介质侵蚀的构件；

（5）受到污染影响的构件；

（6）与侵蚀性土壤直接接触的构件；

（7）受到冻融影响的构件；

（8）委托方年检怀疑有安全隐患的构件；

（9）容易受到磨损、冲撞损伤的构件。❶

针对古建筑而言，同样可遵循以上规定。其检测的重点内容是腐朽、虫蛀、裂缝等残损缺陷情况，因此，重点检测部位应是这些残损缺陷的高发区。被围护结构包裹、存在渗漏或受潮现象、存在腐朽和虫蛀危害以及受力集中的构件和部位，理应成为关注的重点，例如柱根、柱头、梁头、檩头、椽头和梁跨中部等部位，柱根常见的残损形态是腐朽和空洞，柱身常见的残损形态是开裂和虫蛀，梁身常见的残损形态是劈裂、开裂和挠度变形，含水率较高或存在渗漏的构件表面常见的残损形态是腐朽。具体来看，在现场检测作业中，应重点关注的部位包括：

（1）被墙体包裹的构件，或未被墙体包裹但长期不见阳光的构件，通风不良、存在渗漏和受潮现象的构件。

（2）底层承重柱的根部，主要的承重梁和枋，如檐柱、金柱、月梁、三架梁、五架梁、天花梁、跨空枋等。

（3）存在虫蛀、蚁蛀或腐朽菌腐蚀的构件。

（4）受力集中的构件和部位。

6.2.1.3　检测仪设备的选择

应用于木结构古建筑检测工作的各类检测设备的特性及适用范围在本书第 3 章中已有详细介绍。根据工作原理进行归纳，各种检测仪器、设备、工具等基本可分为三类：

（1）"点"层面的检测设备。

传统的目视检测、敲击检测、皮罗钉（Pilodyn）检测和含水率测试仪检测等，都可以归入此范畴。该范畴的检测一般只能通过检测表面或接近表面的位置来预测和推断内部的大致情况。

（2）"线"层面的检测设备。

微钻阻力仪、超声波仪、生长锥、单路径应力波检测仪（如 FAKKOP 2D）等，都可归入此范畴。该范畴的检测一般可以判断单检测路径上或两检测点之间的内部情况，而且多路径或多处点对点的检测可以"织线成面"，得到更加精确的内部情况推断。其中微钻阻力仪最能够精确地反映"线"层面的检测结果。

（3）"面"层面的检测设备。

多路径应力波检测仪（如 FAKOPP 3D Acoustic Tomograph）、X 射线探伤仪、地质

---

❶ 《建筑结构检测技术标准》GB/T50344-2004 第 3.4.6 条。

雷达等，都可归入此范畴。限于技术条件和适用范围的要求，在古建筑检测中最常用的就是多路径应力波检测仪。该范畴的检测结果可以对内部情况提供直观的二维显示。

上述三类检测设备和方法各有千秋，不能说孰优孰劣，在现场检测勘查作业中，应根据检测要求、抽样数量、现场条件等因素综合考虑，对仪器设备进行选择，以扬长避短，提高效率。例如在检测勘查工作的初期阶段，就可以通过目视观测、敲击和简单工具对所有能触及的构件进行全面的普查，在对初期普查中疑似存在内部残损的构件进行深层检测时，就需要使用微钻阻力仪、应力波检测仪等无（微）损检测仪器进行，在重点检测区还需要加密检测操作的次数，如需进行构件的树种鉴定，还要使用小型电钻和线割机在构件隐蔽的位置进行木材取样操作。

6.2.2　基础数据采集工作

6.2.2.1　构件尺寸及含水率测量
（1）构件尺寸测量

对古建筑中的主要构件，尤其是被检测构件的主要轮廓构造尺寸进行测量，是后期检测数据分析的重要部分（图 6-5）。如果前期资料中对构件尺寸等有记载，则可适当减少现场测量的工作量。根据资料的完备情况，通常现场工作存在以下两种实际情况：

图 6-5　对构件尺寸的测量

1）当相关资料完整，且对主要构件尺寸有详细记载时，一般只需进行现场的抽样复核即可。抽样的数量可以是每层每类构件抽取 3 个样本进行验证，当某类构件的尺寸存在较大偏差时，则需要对该类构件进行加倍数量的测量，以积累样本数据，确定更加准确的构件尺寸。

2）当相关资料缺失，或对记载数据存在疑惑时，应根据不同的构件类型增加抽样验证的数量，而且后期需要仪器检测的构件应全部测量，以现场测量数据为准。

（2）含水率测量

如前文所述，木材作为生物质材料，其含水率的变化对材质性能和残损缺陷情况都有着显著的影响。因此，对所有构件总体含水率水平的掌握是十分必要的，尤其是被测构件和存在残损构件（图 6-6）。抽样数量可以是每层每类构件抽取 3 个样本进行检测，如果测量值离散性较大，则需增加样本数量。被测构件的含水率属于必测项目，应重点关注仪器检测截面或检测路径上的含水率水平，如柱根、梁中、梁端等部位。

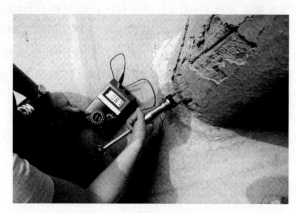

图 6-6　对构件含水率的测量

6.2.2.2　构件选材树种及材质性能检测

由于古建筑往往经历过多次的维护修缮，大量构件可能已被更换，因此，通常构件树种比较多样，如无确切的资料记载，则需根据不同构件的部位和类型分别取样进行树种鉴定。尤其是被检测构件，应确切掌握其树种类型。取样时，应在构件的隐蔽部位，以不影响构件外观完整性为原则。

在确定被测构件的树种之后，应基于前期试验室数据的研究成果（本文第 4 章），通过无损检测手段获取应力波传播速率值和微钻阻力值，对应相应树种，通过拟合函数公式推导出该构件的木材密度、强度（弯曲、抗压）、弹性模量等力学性能指标。在现场条件允许的情况下，也可进行取样，进行清材试件的木材力学性能试验。

6.2.2.3　构件节点的连接状态勘查

单体构件的残损缺陷和力学性能降低，有时也可能通过构件间连接节点的缺陷表现出来，而构件连接节点的工作状态直接影响着整个建筑的安全性。对木构件的主要节点连接状态的勘查，主要包括梁和枋的拔榫、榫头折断或卯口劈裂、榫头或卯口处压缩变形、铁件加固处锈蚀或残缺等。应通过目视的方法对所有节点进行全面勘查，必要时应进行仪器检测以精确判断。

6.2.2.4　地基和结构整体变形勘查

（1）地基勘查

地基基础的稳定性直接影响建筑的安全，木结构古建筑的地基基础勘查主要包括资料收集、补充勘查和开挖检测等工作。应在确定基础的种类和材料性能的基础上，现场勘查上部结构现状、实际使用荷载、沉降量和沉降稳定情况、沉降差、上部结构倾斜、裂缝等情况，再根据资料的完备情况，判断是否需要开挖检测。当关于该古建筑的岩土勘察报告和施工修缮图纸等相关资料比较完备，且现场勘查中也没有发现地基过大沉降和不均匀沉降等情况时，可以不进行地基基础的开挖检测；当相关数据资料不足时，则需要根据建筑是否存在地基不均匀沉降和上部结构的安全要求等，对范围内的地基进行补充勘查和沉降观测。

（2）结构整体变形勘查

对典型部位的承重梁柱和围护结构等存在的弯曲、倾斜或挠度状态的勘查,可以判断结构整体是否已发生倾斜、位移或扭转等变形。勘查的方法可以采用传统的全站仪和吊锤法(图 6-7),也可以采用三维激光扫描技术等新技术手段(图 6-8)。

6.2.3　外观缺陷勘查工作

一般情况下,对构件外观缺陷的勘查主要通过目测的方式进行。外观勘查不仅是查明构件表观的缺陷情况,其结果往往也是筛选出内部残损重点检测部位的一个重要的判断依据,因此不可忽视,切忌"走马观花"。需要指出的是,视觉检查需要基于检测人员的经验知识去作出主观判断,因此势必具有一定的局限性和经验主义色彩,尤其是对隐蔽部位和构件内部残损的判断。但是这并不妨碍通过肉眼判断的外观勘查作为检测工作的第一步,可以通过一些表观的现象预估实际可能的残损情况,为后期的仪器检测提供佐证,表 6-2 所示为部分视觉检查现象所代表的可能存在的残损形态。

图 6-7　吊锤法测量柱体倾斜

图 6-8　三维激光扫描检测梁体变形

视觉检查判断依据　　　　　　　　　表 6-2

表观检查现象	可能存在残损形态
敲击声音空钝	截面内部出现腐朽、空洞或裂缝
表面水渍	木材含水率过高引起腐朽
表面圆孔并有木屑	存在虫蛀或蚁蛀
存在凹陷面	接近表面的位置出现腐朽
梁体受力点褶皱	真菌腐蚀引起的横纹弯曲强度减弱
出现子实体	存在大范围腐朽

6.2.3.1　木材缺陷勘查

对古建筑木构件木材缺陷的勘查，主要包括对构件受力性能有显著影响的木节、斜纹和干缩裂缝等的位置和尺寸（图 6-9）。对木节尺寸的勘查，一般量取木节垂直于构件方向的形状长度，直径小于 10mm 的木节可不测量；对斜纹的勘查，一般取 1m 材长的构件测量三次，计算其平均倾斜高度，并以最大倾斜高度作为斜纹检测值；对干缩裂缝的勘查，可用探针探测裂缝的深度，用裂缝塞尺或裂缝宽度仪测量裂缝的宽度，用钢尺或卷尺测量裂缝的长度。

图 6-9　对构件树节的勘查

6.2.3.2　构件损伤勘查

对古建筑木构件外观损伤的勘查，主要包括勘查构件表面的虫蛀、腐朽、变质、人为修缮痕迹及其他灾害影响的部位、程度和范围情况。

（1）构件表面虫蛀勘查

一般根据构件表面是否有蛀孔、附近是否发现木屑作为初步判断的依据。如确定存在虫蛀情况，则需用敲击的方法确定虫蛀的范围，并用探针测定蛀道的深度，必要时可用微钻阻力仪探测蛀道的密度。后期工作中，应对构件的虫蛀部位进行防虫处理，并定期监测虫害是否得到消除或控制。

（2）构件腐朽勘查

通过目测发现表层腐朽情况，并使用钢尺测量腐朽的范围，进而通过敲击的方法确定内部腐朽的情况，必要时可用微钻阻力仪测量腐朽的位置及深度。后期工作中，应对腐朽木构件进行含水率和通风排水情况的调整，并采取防腐措施进行处理，定期监测腐朽是否得到控制。

（3）人为修缮痕迹及其他灾害影响勘查

一般情况下，人为修缮和各类灾害影响在构件表面留下的印记是比较明显的，可以通过目测的方式勘查并记录。对其影响范围和深度的勘查，如墩接的位置、包镶构件的厚度、火灾碳化的深度等信息，就需要借助检测设备进行探测了，如微钻阻力仪（图 6-10）。

图 6-10　对构件人工修缮痕迹的勘查

6.2.4　内部残损检测工作

对古建筑木构件内部残损的检测，应是在前期对重点检测部位进行筛查和对外观缺陷损伤进行全面勘查的基础上，有针对性、有重点地利用无（微）损检测设备对构件进行的非破损深层探测。内部残损检测主要关注由于各种内在或外在的原因造成的木构件内部的腐朽、变质、裂缝、空洞、虫蛀等情况。这些残损情况有些是显性的，在构件表面就已经有所显露；而有些则是隐性的，在构件表面可能并无直接体现，此种情况更应引起重视。在对构件的内部残损检测中，应遵循以下操作原则：

（1）应运用普查与重点勘查相结合的方法，首先确定残损的类型、部位、范围，进而根据不同残损类型的特点和残损部位的实际情况，选用适宜的无损检测设备。

（2）木构件的内部残损检测，对于表面已经有明显表现的，应全数进行设备检测；对于表面尚未发现明显表现，但易发生残损的部位，如柱根、暴露在室外的檐柱、有渗透情况的檩和椽等，则需要首先运用敲击等传统勘查方法进行普查筛选，在此基础上，再进行无损检测设备的抽样检测（图 6-11）。

图 6-11　对构件的敲击筛查

6.3 检测数据的整合和检测设备的改良

6.3.1 古建筑保护数字化信息平台的构建

在当今的信息化浪潮下，采用传统理念和方法的古建筑保护工作既面临着挑战，也面临着机遇。古建筑保护数字化信息平台是古建筑预防性保护工作的重要载体。数字化的运用，不仅使管理工作更加严谨，利于实现规范化和标准化，带来工作效率的极大提高，而且可以实现许多传统方法无法完成的工作，例如相关三维图像、构件内部残损情况、环境参数等指标数据的获取，同时也搭建了资料查阅和宣传教育的技术平台。[154-155]

6.3.1.1 信息平台产生的背景现状

目前来看，在木结构古建筑的修缮工程和日常管理维护工作中，普遍存在着历史欠账多、管理粗放、技术手段落后等问题，具体可归纳为以下几点：

（1）具有保护价值的古建筑种类多、分布广，且不同本体和环境现状差异皆较大。保护对象的具体情况参差不齐，造成相关资料和数据量大且繁杂，缺乏有效率的梳理和整合，日常管理难度大。

（2）缺乏系统性和综合性。古建筑的保护工作综合性较强，通常需要多学科研究成果的运用和多专业技术人员的参与，不同专业或工种同时开展工作或交错开展工作的情况时有发生。信息平台的缺失往往会造成工作意图理解的误差或工作实施标准的混乱，数据利用效率低。

（3）目前已有的相关数据库存在的问题是：不同管理部门和不同技术部门之间皆存在"各自为营"的情况，数据库之间可能会因为采用了不同的架构方法而造成兼容性差，也可能因为不同的数据库皆保存了相同的信息内容而造成数据重叠和资源的浪费。

综上可见，在现代的木结构古建筑保护工作中，建立一套能够联合多个部门，统一多种技术，可进行系统化和全周期操作的保护工作数字化信息平台，是落实古建筑预防性保护工作的关键基础。

6.3.1.2 信息平台的组成

（1）数据库架构

古建筑保护数字化信息平台基于预防性保护的理念，多渠道、多手段地采集相关信息数据，形成多类型的数据库资源，以方便不同对象和不同目的的运用。该信息平台还将多种新技术手段综合运用到古建筑的保护工作中去，如监测技术、检测技术、三维扫描技术、4S（即 GPS，GIS，MIS，RS）技术、BIM（Building Information Modeling）技术、数据库平台搭建技术等，从而提高了数据的精确性。

图 6-12 所示为数据库的架构图。

（2）数据构成

古建筑保护数字化信息平台的信息数据主要由基础资料信息、构件检测信息、安全监测信息、残损病害信息和日常维护管理信息五部分组成。其中基础资料信息一般包括历史沿革、数字化图像、相关图纸、结构现状等；构件检测信息一般包括构件材料检测、构件连接检测等；安全监测信息一般包括建筑本体监测、气候环境指数监测和三防体系（防火、防雷、防盗）监测等；残损病害信息一般包括残损病害部位、残损病害原因和残损病害程度等；日常维护管理信息一般包括资料审批、人员管理和提供查询导游服务等。

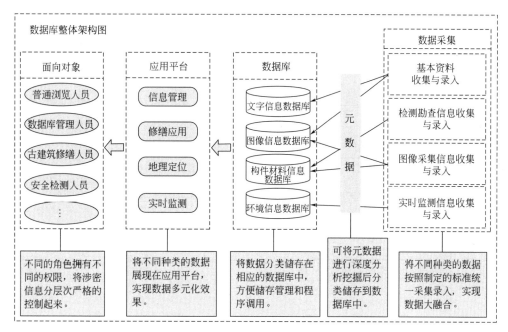

图 6-12　古建筑保护平台数据库整体架构图

信息平台的数据构成及主要获取手段如图 6-13 所示。

6.3.1.3　构件信息的获取要点

作为本文的主要研究对象，本节将着重介绍该信息平台中关于构件信息的主要数据获取要点。

构件信息包括构件的检测信息和构件的残损病害信息，是整个数字化信息平台的重要组成部分，也是新技术和新手段优越性体现的最佳载体。在该部分的信息平台搭建过程中，应主要获取以下几方面的数据资源：

（1）建筑本体图片资料信息

数据获取手段主要是高清数码摄像和三维激光扫描等技术，并应标注拍摄位置、拍摄时间、主要构件名称及尺寸等信息。

（2）原始测绘及历次修缮图纸等资料信息

数据获取手段主要是相关文献资料的整理和汇编，对图纸进行数字化存储，从而解决纸质文档占用空间且不易保存的弊端。

（3）构件材料信息

数据获取手段主要是相关材料检测试验，如树种检测、微谱成分检测等，并应记录被测构件的材质、年代、含水率、具体成分等。

（4）构件残损信息

数据获取手段主要是传统的目视敲击法和各类无损检测技术，并应标记残损的类型、成因、位置、面积等信息。

上述相关要点的部分平台界面展示如图 6-14 所示。

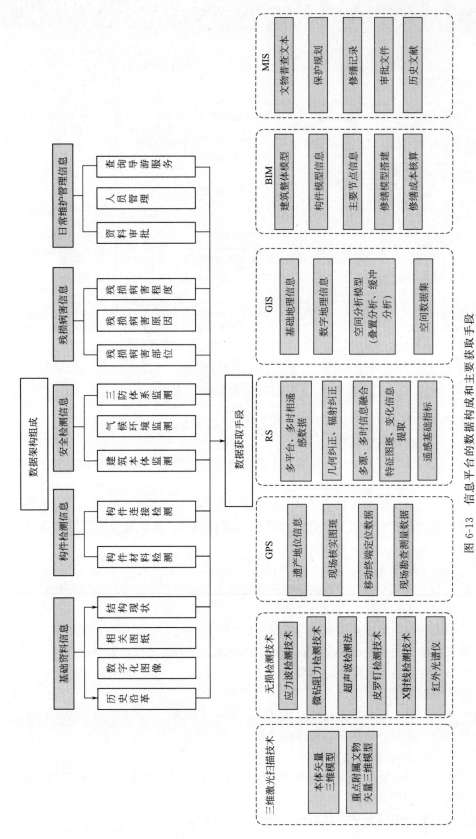

图 6-13　信息平台的数据构成和主要获取手段

(a)

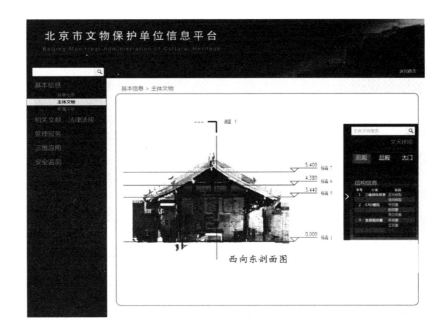

(b)

图 6-14　古建筑保护信息平台界面

（a）图片资料信息；（b）测绘信息

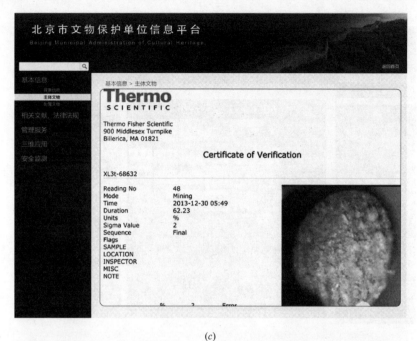

(c)

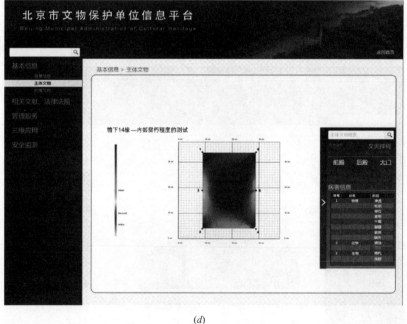

(d)

图 6-14　古建筑保护信息平台界面（续）

（c）构件材料信息；（d）构件残损信息

6.3.2　用于现场检测的微钻阻力仪支架装置研发

6.3.2.1　装置产生的背景现状

微钻阻力仪是目前应用于古建筑木构件无（微）损现场检测的常用设备。目前的微钻阻力仪现场检测方法是：人力手持检测设备，并依靠人力抵紧的方式固定检测设备与被测构件的相对位置，通过目测调节检测位置与角度。毫无疑问，该操作方法的弊端是由于人为操作的个体差异较大，造成检测结果受人为因素的干扰较多，检测设备与被测构件之间不能精确度量入针角度，造成检测数据缺乏准确性。

（1）现场作业中发现的问题

综合而言，在长期的微钻阻力现场检测工作中会发现，设备的先进性无法弥补不当的操作所造成的伤害和误差。检测精度的要求和现场条件的限制，在木构件的微钻阻力检测过程中，单纯依赖人力手持的检测方式，通常会出现如下问题：

1）问题一：产生测量误差。在木结构古建筑的现场检测中，需要人力持举并抵紧被测构件，而目前常用的微钻阻力仪长度在 50～60cm 左右，质量在 5～8kg 左右，在检测过程中，需要长时间保持设备的稳定平衡和相对位置固定，这不但会极大地增加人力工作强度，而且人为的抖动和挪动可能会造成试验数据的采集误差，甚至造成设备的损坏。

2）问题二：增加人力操作疲劳。古建筑的承重木构件通常尺寸较大，且一些构件的位置较高，尤其是梁和枋等高处的水平构件，往往超出正常的人体尺度。在检测过程中，需要长时间保持检测设备的稳定平衡和相对位置固定（图 6-15），会增加人力操作疲劳。

图 6-15　微钻阻力现场检测的困难局面一

3）问题三：无法有效固定。微钻阻力仪的探针头套的截面一般较小，仅有数平方毫米，因此检测时与被测构件表面的接触面也非常小。加之检测时通常需要将设备与被测构件充分抵紧，使得二者间接触面的局部摩擦应力过大，极易造成二者的滑动错位，尤其是在对构件进行弦向检测时（图 6-16）。轻则影响试验结果，重则摔坏设备或者造成断针。

图 6-16　微钻阻力现场检测的困难局面二

（2）支架装置的设计初衷

基于以上几点，研制开发出一种可固定微钻阻力仪设备的支架装置，用于古建筑的现场检测，是十分必要的。该装置不但可以承载微钻阻力仪自身的重量，将微钻阻力仪良好固定并将其在检测过程中与被测构件充分抵紧，还可以精确度量微钻阻力仪与地面的相对水平度（或与被测物体间的相对入针角度），并针对古建筑的不同构件形状和检测位置，调节出特定的形状组合，从而提高其在不同现场条件下的使用适宜性。

6.3.2.2　装置的构造组成

该支架装置的特征是：通过柔性束带、刚性支架和弹簧卡槽，多点固定检测设备与支架装置的相对位置及检测设备与被测构件的相对位置；利用可调节式三角支架，并配以紧固螺栓，承载检测设备的自身质量，降低人力持举强度；通过安装在支架上的水准器和量角器，精确定位检测设备与地面的相对水平位置，或与被测物体之间的相对角度。

在结构设计上，尝试通过以下手段解决在现场检测中所遇到的实际问题：

1）为解决上述问题一，该装置通过安装在支架上的量角器、水准器精确度量检测入针角度和水平度。确定测量角度和位置后，该装置可通过液压伸缩撑杆和紧固螺栓装置使设备保持固定。

2）为解决上述问题二，该装置通过可伸缩式刚性固定支架、铰接支撑垫、支撑垫板等构造将检测设备自重传递给地面或被测构件表面，无需再使用人力持举，通过不同的形状组合，可用于古建筑现场检测中不同位置、不同尺寸的木构件。

3）为解决上述问题三，该装置通过前端柔性固定束带将检测设备与被测构件良好绑固，使之不会发生滑动错位，有效降低人为抖动和挪动造成的数据采集误差。

图 6-17 所示为装置的构造详图。

6.3.2.3　装置在检测现场的实施方式

针对古建筑检测现场不同构件尺寸、形状、位置等的微钻阻力检测需求，该支架装置可根据现场条件进行相应的形状搭配调节，以满足现场工作的适宜性需求。图 6-18 分别模拟了不同现场条件下针对不同部位构件进行检测时的支架装置工况。从图中可见，该支架装置可以较好地解决上述三个问题,可以充分承托与固定微钻阻力仪,良好固定微钻阻力仪与被测构件之间的相对位置,并直观、精确地观测微钻阻力仪的水平度(垂直度)。该装置高度的可调节性也使其基本能够自如应对现场检测环境下绝大多数主要承重构件的检测位置。

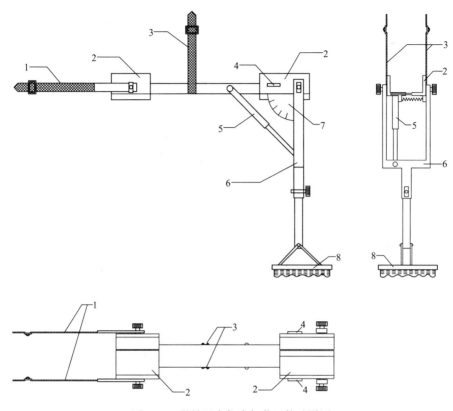

图 6-17　微钻阻力仪支架装置构造详图

1—前端柔性固定束带;2—支座弹簧卡槽;3—中部柔性固定束带;4—水准器;

5—液压伸缩斜撑杆;6—可伸缩式刚性固定支架;7—量角器;8—铰接支撑垫

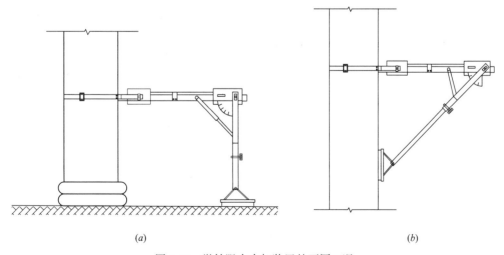

(a)　　　　　　　　　　　　(b)

图 6-18　微钻阻力支架装置的不同工况

(a)柱子较低位置检测;(b)柱子较高位置检测

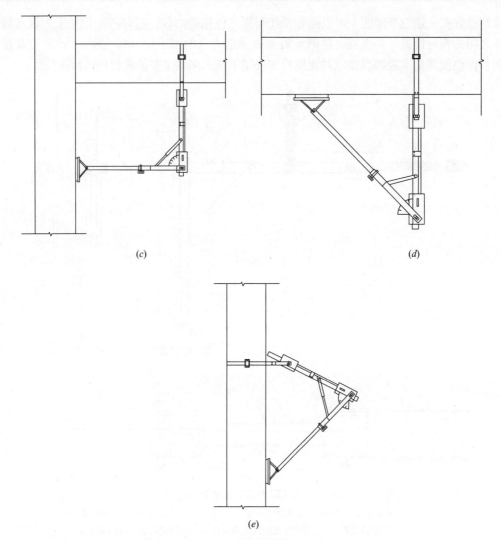

图 6-18　微钻阻力支架装置的不同工况（续）

（*c*）梁端位置检测；（*d*）梁中位置检测；（*e*）柱子斜纹方向检测

6.4　现场检测流程应用案例——天坛长廊检测

6.4.1　建筑背景资料

6.4.1.1　天坛简介（Temple of Heaven）

天坛是明、清两代帝王祭祀皇天、祈求五谷丰登的场所，每年皇帝都会于此孟春祈谷、孟夏祈雨、孟冬祀天。总占地面积 270 余万平方米，始建于明永乐十八年（1420 年），清乾隆、光绪年间曾有重修改建。天坛以其严谨的建筑布局、独特的建筑构件和绚烂的建筑装饰而著称于世，主要建筑的布局形态呈"回"字形，坛墙北圆南方，象征天圆地方，坛墙分为内坛和外坛两部分，内坛墙总长 3292m，外坛墙总长 6416m。天坛的主要建筑有圜丘坛、皇穹宇、祈年殿、长廊、万寿亭、斋宫、宰牲亭等。天坛于 1961 年被公布为第一批全国重点文物保护单位，1998 年被列入《世界遗产名录》。世界遗产委员会对天坛的描述是：

"天坛，始建于 15 世纪上半叶，是一片坐落于皇家园林中，四周古树环抱的庄严的皇家祭祀建筑群。无论是从它的整体建筑布局，还是建筑单体造型上，都采用符号化的形式反映了天和地之间的关系——也就是人的世界和神的世界，这一关系体现了中国古代宇宙观的精髓，同时还体现了帝王在该关系中所扮演的特殊角色。"❶

6.4.1.2　天坛长廊概况

天坛长廊（后文简称"长廊"）是天坛的重要景点之一，又称供菜廊子、七十二长廊，位于内坛的东北角，祈谷坛以东，将东砖门、神厨院、神库及宰牲亭与祈谷坛相连接，明清时期，长廊是运送祭祀贡品至祈谷坛的通道（图 6-19）。长廊呈曲尺形，共 72 间，与祈年殿大小 36 根柱子相对应，象征七十二地煞。长廊初建时设 75 间，清乾隆十七年（1752 年）改制为 72 间，长 273m。建筑的构造形式为连檐通脊，覆绿色琉璃瓦，旧时长廊有栅窗及槛墙，式如房舍，因此也称"七十二连房"。1937 年，因天坛已非祭天之所，当时的北平市文物整理实施事务处遂将七十二连房辟为游廊，拆除栅窗、槛墙，添加坐凳以供游人休憩，改造后仅保留两间，以识其旧，并立记石，镶嵌于壁上；1948 年，国民党守军将长廊改为仓库；1955 年，长廊被修缮，辟为陈列室，曾举办全国轻工产品展示会、北京市出土文物展，后又辟为管理用房；1977 年，长廊重新修缮，将旧城砖海墁地面改为水泥方砖地面（图 6-20）。

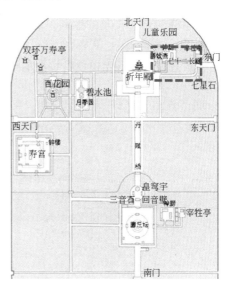

图 6-19　长廊在天坛中的位置

图 6-20　天坛长廊

❶　摘自世界遗产委员会（UNESCO World Heitage Centre）（http：//whc. unesco. org/en/list/881/）。

6.4.2 前期筛查工作

6.4.2.1 检测内容与位置确定

长廊建筑体量巨大，构件繁多，有限时间内无法做到全数检测；加之构件表面皆涂有漆饰和彩画，通过目视勘查无法直接发现构件内部存在的残损缺陷。因此，综合以上实际情况，在现场检测作业中首先采用传统手段对所有承重构件进行敲击筛查，敲击回音清脆者被视为健康构件，敲击回音沉闷者被视为可能存在内部残损的构件，并在图纸中标明。本着对古建筑最小干预的原则，利用排除法筛选出最有可能存在内部残损的构件进行无损设备检测。本轮敲击筛查确定了柱 A4、A10、B11、B10、C8、C15、C34、D19 和枋 A3—A4 为需要进行无损设备检测的样本构件（图 6-21）。

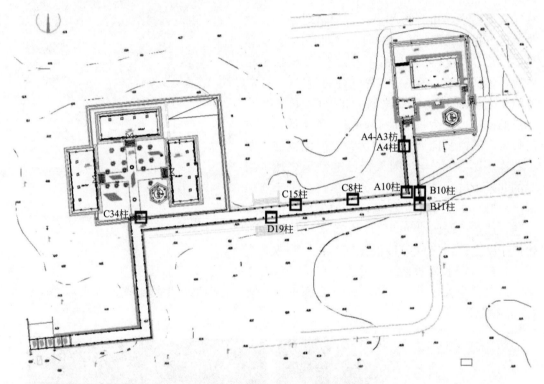

图 6-21　无损检测样本构件的确定

6.4.2.2 检测设备确定

现场作业中使用到的检测工具设备包括 IML Resistograph PD-Series 和 RESISTO-GRAPH 两种型号的木材微钻阻力仪、FAKOPP 3D Acoustic Tomograph 多路径应力波检测仪、KT-50 木材含水率测试仪、小锤、卷尺、裂缝塞尺等。

6.4.3 构件内部残损检测结果分析

6.4.3.1 长廊 A4 柱无损检测

（1）概况勘查

A4 柱位于东段南北向长廊的中部位置，为西侧檐柱，柱体无围护结构包裹，南北两侧距离柱础约 40cm 高度处有宽约 20cm 的木质坐凳相连。表面附有地仗层和红色漆饰，外表完好，仅有少量漆饰裂纹。经吊锤法勘查，柱体无倾斜；经木材含水率测试仪检测，表层含水率为 9.78%；经金属探测器检测，柱体内部无金属加固的痕迹。前期筛查中发现，柱体根部东侧（即靠近长廊内侧）位置，敲击声沉闷，怀疑内部存在残损，如图 6-22 所示。

（a） （b）

（c） （d）

图 6-22 A4 柱前期筛查工作

（a）敲击筛查；（b）含水率测定；（c）金属探测；（d）地仗层破除

（2）多路径应力波检测

在距离柱础 20cm 高度处使用 FAKOPP 3D 应力波检测仪对柱体进行多路径应力波检测，感应探针数量为 10 个，规定正北向为 1 号点位置，探针沿顺时针方向平均距离布置。检测结果如图 6-23 所示，由图中颜色梯度显示可知，5 号点和 9 号点位置可能存在残损缺陷。

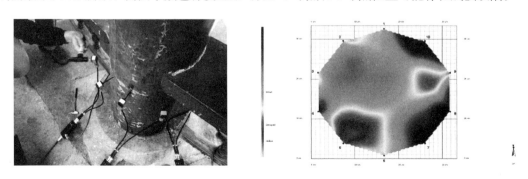

图 6-23 A4 柱应力波检测（高度 20cm）

（3）微钻阻力检测修正

为验证应力波检测的识别结果，使用 IML 微钻阻力仪对疑似残损位置进行单路径入针检测，入针高度为距离柱础 20cm，入针方向为 5 号点→9 号点弦向。阻力曲线如图 6-24 所示，由图中红色虚线部分可见，曲线在起点端和终点端附近位置的阻力值与正常水平相比，皆存在不同程度的衰减。因此可以推断，构件在 5 号点和 9 号点附近存在内部腐朽情况，且两片腐朽区域有连通的趋势，这与应力波检测结果基本相符。在 9 号点的位置，结果匹配确切；在 5 号点的位置，应力波检测识别为空洞（天蓝色），而微钻阻力检测结果显示阻力曲线只存在部分衰减，但未衰减为零，证明此部位的残损形态应为腐朽，未出现空洞。

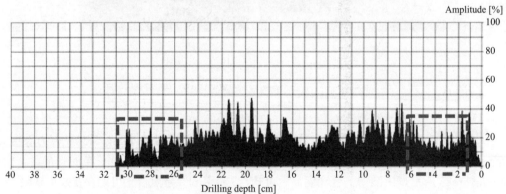

图 6-24　A4 柱微钻阻力检测（高度 20cm）

（4）残损纵向分布检测

为考察腐朽状态的纵向分布情况，下一步将检测截面向上抬升 50cm，在距离柱础 70cm 处按照与之前相同的方法分别进行多路径应力波检测和微钻阻力检测。如图 6-25 所示，结果显示，9 号点位置已无腐朽，5 号点位置的腐朽程度和范围也已大为减轻，5 号点→9 号点的微钻阻力曲线也充分证明了这一推论。

（5）检测结论

A4 柱在柱根位置有部分面积呈材质疏松状态，可能存在轻度腐朽，但面积不大，不影响主要受力性能，该柱可以继续使用，但需定期监测残损部位是否发展。

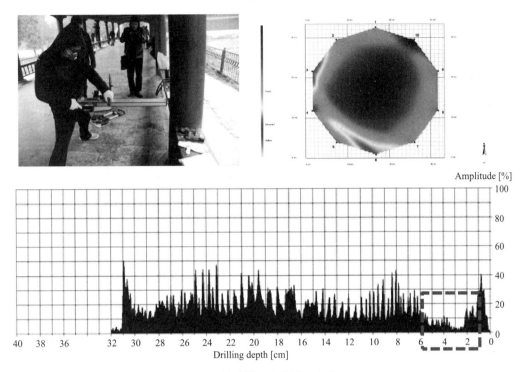

图 6-25　A4 柱微钻阻力检测（高度 70cm）

6.4.3.2　长廊 B11 柱无损检测

（1）概况勘查

B11 柱位于长廊东端转角处外侧，为东南侧外转角檐柱，柱体无围护结构包裹，北侧距离柱础约 40cm 高度处有宽约 20cm 的木质坐凳相连。表面附有地仗层和红色漆饰，外表较完好，柱根部漆面和地仗层有若干较大裂痕。经吊锤法勘查，柱体无倾斜；经木材含水率测试仪检测，表层含水率为 7.93%；经金属探测器检测，柱体内部无金属加固的痕迹。前期筛查中发现，柱体根部西北侧（与坐凳相接部位）位置，敲击声沉闷，显示地仗层已空鼓，怀疑内部存在残损。现状与位置如图 6-26 所示。

图 6-26　B11 柱现状

（2）多路径应力波检测

在距离柱础 15cm 高度处使用 FAKOPP 3D 应力波检测仪对柱体进行多路径应力波检测，感应探针数量为 10 个，规定正北向为 1 号点位置，探针沿顺时针方向平均距离布置。检测结果如图 6-27 所示，由图中颜色梯度显示可知，1 号点到 4 号点的位置可能存在大面积空洞残损。

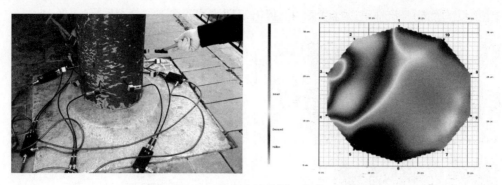

图 6-27　B11 柱应力波检测（高度 15cm）

（3）微钻阻力检测修正

应力波检测识别的残损面积较大，且显示残损状态严重，因此，为了确定残损形态的实际情况，使用 Rinntech 微钻阻力仪对疑似残损位置进行多针交叉检测，以精确定位残损位置。入针的高度为距离柱础 15cm，入针方向分别为：①2 号点→7 号点径向；②4 号点→1 号点弦向；③5 号点→10 号点径向；④3、4 号点间→8、9 号点间径向，如图 6-28 所示。由

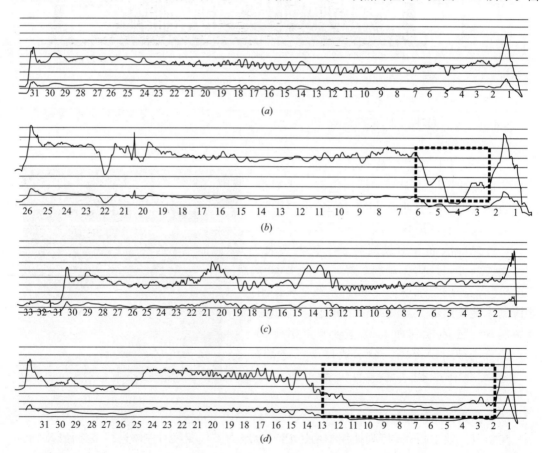

图 6-28　B11 柱微钻阻力检测（高度 15cm）

（a）2 号点→7 号点径向；（b）4 号点→1 号点弦向；

（c）5 号点→10 号点径向；（d）3、4 号点间→8、9 号点间径向

图中阻力曲线衰减情况综合分析可知：图 6-28（a）中，阻力曲线均匀，无明显衰减，因此判断应力波图像识别中显示的 2 号点附近存在空洞的预测不准确；图 6-28（b）中，4 号点附近曲线存在较大衰减，有一个长约 3.5cm 的衰减段，因此判断 4 号点东北向位置存在严重腐朽残损，已接近空洞；图 6-28（c）中，阻力曲线均匀，无明显衰减，因此判断残损部位仅限于 5 号点以北的位置（即柱身的西北侧），5 号点附近木材健康；图 6-28（d）中，3、4 号点附近的阻力曲线存在一个长约 10cm 的衰减段，且衰减程度较大，因此判断 3、4 号点附近位置存在较严重腐朽，已接近空洞，所预测的残损位置与图 6-27 的预测相吻合。

（4）检测结论

B11 柱的柱根位置存在较大面积的严重腐朽残损，已接近空洞。残损位于柱身的西北侧，在 3、4 号点之间的位置附近存在长度约 10cm（东西向），宽度约 3.5～4cm（南北向）的严重腐朽，形态模拟如图 6-29 白色区域所示。建议后期修缮时采取措施予以加固，如墩接、环氧树脂灌注等手段。

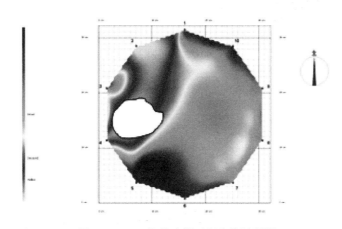

图 6-29　B11 柱的残损面积和位置预测

6.4.3.3　长廊 A10 柱无损检测

（1）概况勘查

A10 柱位于长廊东端转角处内侧，为西北侧内转角檐柱，柱体西侧有围护结构包裹，北侧距离柱础约 40cm 高度处有宽约 20cm 的木质坐凳相连。表面附有地仗层和红色漆饰，外表较完好，柱根部漆面和地仗层有少许开裂和脱落，如图 6-30 所示。经吊锤法勘查，柱体无倾斜；经木材含水率测试仪检测，表层含水率为 7.10％；经金属探测器检测，柱体内部无金属加固的痕迹。前期筛查中，敲击声较清脆，但因与围护结构接触，又处于建筑阴面角落位置，日照、通风条件皆不佳，因此列为重点关注构件。

图 6-30　A10 柱现状

（2）检测方法筛选

由于 A10 柱部分位置存在围护结构包裹的情

图 6-31　A10 柱微钻阻力检测

况，应力波感应探针无法沿其柱表截面平均布置，因此无法对其进行多路径应力波检测，而微钻阻力检测的径向方向也仅有南北向可以取得完整检测路径。因此，因现场条件所限，对该柱的检测仅有单一方向（由南向北）的微钻阻力检测，如图 6-31 所示。

（3）微钻阻力检测分析

使用 IML 微钻阻力仪由南向北，首先在距离柱础 15cm 高度处入针，阻力曲线如图 6-32（a）所示。图中显示，木柱在该截面高度的位置存在一条宽度近 1cm 的裂缝，裂缝位置偏向南侧。进而，为判断裂缝沿柱顺纹方向的长度，将入针截面抬升至距离柱础 30cm 高度处，阻力曲线如图 6-32（b）所示，可见裂缝仍存在，但已显著缩小。再将入针截面抬升至距离柱础 50cm 高度处，阻力曲线如图 6-32（c）所示，可见阻力曲线较均匀，已无显著衰减区段。

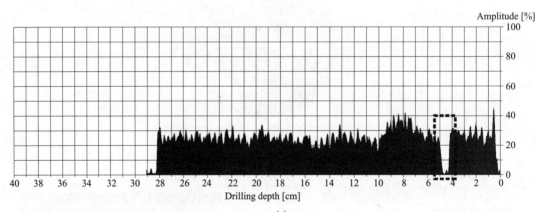

(a)

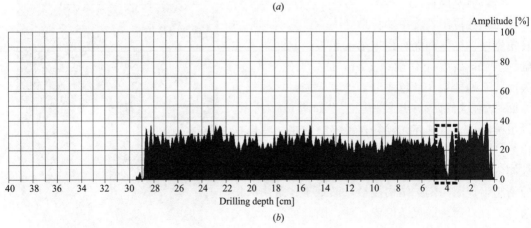

(b)

图 6-32　A10 柱微钻阻力检测

（a）15cm 高度处；（b）30cm 高度处

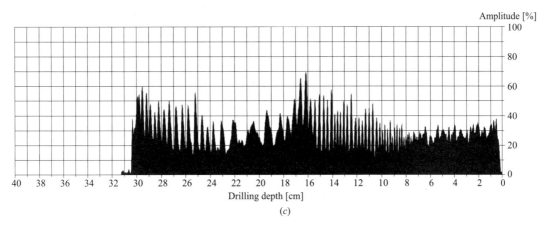

图 6-32　A10 柱微钻阻力检测（续）

（c）50cm 高度处

（4）检测结论

A10 柱的南侧在距表面约 4cm 的深度处，从距柱础 15cm 至 30cm 的区段上，存在竖向裂缝。裂缝大致呈"下大上小"的形态，底部宽度近 1cm，顶部宽度减小至 2～3mm；裂缝最上沿应不超过距柱础 50cm 的高度处。柱体其他部位的材质密实，不影响正常使用。

6.4.4　构件材质性能检测结果分析

分别对 A4、B11、A10 柱取样并进行树种鉴定，鉴定结果显示：三个木柱所用的树种皆为硬木松。其各自的微钻前进阻力检测值和应力波传播速率值见表 6-3。

现场无损检测数据　　表 6-3

编号	树种	微钻前进阻力（F）	应力波传播速率（v）/(mm/μs)
A4		39.5944	3.5312
B11	硬木松	38.3990	3.7156
A10		35.3030	3.1644

根据本书第 4 章的试验思路，基于对硬木松树种标准试件的试验，获取了无损检测数据与木材各材质性能指标的关联特征关系，见表 6-4。

无损检测数据和木材材质性能的关联特征关系　　表 6-4

树种	材质性能指标（y）	线性回归方程：$y=ax+b$			决定系数 r^2
		x	a	b	
硬木松	密度：p	F	0.0057	0.2990	0.6280
	抗弯弹性模量：MOE	Fv^2	1.0053	3.3573	0.6961
	抗弯强度：MOR	Fv^2	1.1226	12.1480	0.6562
	顺纹抗压强度：UCS	Fv^2	2.7973	30.7960	0.5605

将表 6-3 所示数据带入表 6-4，并统一计算单位，得到各木柱的各项材质性能指标预

测值如表 6-5 所示。

各柱的材质性能指标预测值

表 6-5

编号	密度 $p\,(\mathrm{g/cm^3})$	抗弯弹性模量 MOE(GPa)	抗弯强度 MOR(MPa)	顺纹抗压强度 UCS(MPa)
A4	0.5247	8.3206	17.6905	44.6068
B11	0.5179	8.6866	18.0992	45.6251
A10	0.5002	6.9110	16.1164	40.6846

6.5 本章小结

木结构古建筑的现场检测应有一套完整而系统化的工作体系。工作体系的建立，不仅可以规范现场检测操作流程，提高工作效率，而且可以在达到最小干预目标的前提下，最大限度地获取古建筑的相关数据信息。该套工作体系在充分考虑了不同检测要求、不同现场条件、古建筑与现代建筑的区别等诸多因素的基础上，形成了从检测范围的确定、抽样方法的选取、检测手段的选择三个方面入手的工作思路。现场检测作业中，应根据实际情况，基于此思路开展工作。

现场检测的操作流程由前期准备工作、基础数据采集工作、外观缺陷勘查工作和内部残损检测工作四部分构成。四部分的工作内容各有侧重，工作方法也大相径庭，兼顾"内业"和"外业"，如工作执行到位，可形成一套反映该古建筑完整信息的检测数据报告。一般情况下，应按工作次序循序渐进地执行，但如果需要补充信息或后期工作数据与前期工作数据有冲突时，也可适当调整工作顺序，以使检测勘查的结果可靠、数据科学，从而准确把握古建筑木构件的缺陷、残损、变形状况以及结构整体的受力状态。本文中以天坛长廊的现场检测流程为例，详细介绍了各环节的工作方法和成果，充分验证了该工作流程的可操作性。

面对微钻阻力现场检测过程中遇到的实际问题，研发出了一种专门用于微钻阻力现场检测的支架装置，尝试解决测量误差较大、人力持举疲劳、无法有效固定的现实问题。该装置通过不同的形状变换组合，形成不同的现场工况，适用于在不同环境条件下不同位置构件的检测操作。该支架装置的研发思路因现场问题而生，研发方案又尝试充分满足现场需求，此种互相促进、相辅相成的工作状态，可以极大地促进现场检测工作的发展与提高。

第7章 结语与展望

随着社会生产力的发展和保护意识的提高，文化遗产保护事业在政府层面、学术层面和公众层面正日益受到重视，中国的木结构古建筑保护工作也正在逐渐形成一套完整的、专业的、多学科参与的，既符合国际先进保护理念又切合东方建筑遗产特点的保护方法体系。在这个保护体系中，保护技术是基础，是将所有的保护工作落到实处的根基和有效手段。不管是现代化技术的保护方法，还是传统的修缮技艺，抑或是二者的结合，其宗旨都是一致的，都是寄希望于通过人为的有效干预使得古建筑能够"延年益寿"。要想达到此目的，就像是给古建筑"看病"，"诊病—防病—治病"是一套必不可少的流程，也就是对其进行必要的体检诊断、预防病变和治疗病害。

对构件的检测勘查工作正是对其病因的"望闻问切"。行之有效的检测勘查工作不仅可以查明"病因"，为后期的修缮工作提供操作依据，而且可以建立"病历"，为古建筑保护的信息平台提供基础性的数据来源。本书内容基于以上两个目标而展开，重点从残损规律的把握、检测设备的筛选、获取数据的分析和操作方法的改良等方面探讨了针对中国古建筑木构件的适宜性检测关键技术。

归纳来看，得到如下几点成果：

（1）找出若干规律

古建筑木构件的树种选材规律。通过文献调研和现场采样的方法，总结了中国木结构古建筑若干年来基于就地取材、受力性能和形制等级三个考虑因素而确定的树种选材原则。分析了结构用木材的特点，归纳了古建筑木构件常用选材树种的木材特性、使用范围和常见产地。在此基础上，确定了相关试验研究对象所限定的树种类别，包括冷杉、硬木松、杉木、黄山松和榆木。

古建筑木构件的残损规律。总结了木材生长缺陷、环境气候因素、持续荷载效应因素、含水率变化因素、虫蛀与微生物侵蚀因素和人为因素等对木构件残损所造成的破坏特性和影响规律。综合了木材学和土木工程学的相关研究成果，对比分析了《原木缺陷》中对"木材缺陷"的分类定义和《古建筑木结构维护与加固技术规范》中对"残损点"的分类定义，并找出了二者定义范围的一一对应关系，以方便工作的系统化。最后列举展示了木结构古建筑中不同部位构件，如屋架构件、铺作层构件和承重梁柱构件的常见残损类型。

古建筑木构件材质性能的衰减规律。通过试验的方法，探讨了不同年代和不同含水率对构件无损检测数据的影响规律，进而推断出对构件材质性能衰减的影响。根据对清材试件的试验结果进行推论：在未存在残损缺陷和持续荷载变形，且含水率水平正常的情况下，构件年代对其无损检测值的影响不太明显，即正常状态下的旧木构件也可具有良好的材质性能；随着含水率的增大，其无损检测值会随之减小，即构件的含水率会对其材质性能产生显著影响，通过试验推导出的无损检测含水率调整公式，可以对不同含水率条件下获取的检测值进行对比和换算。

设备参数对检测数据的影响规律。通过试验的方法，探讨了微钻阻力仪不同钻针旋转速率和前进速率的搭配组合，对微钻阻力检测值（包括旋转阻力值和前进阻力值）的影响规律。试验结果显示，每钻入一针的旋转阻力值和前进阻力值的数值比值范围是大致一定的，在钻针旋转速率一定时，其微钻阻力值随钻针前进速率的增大而增大，而在钻针前进速率一定时，其微钻阻力值随钻针旋转速率的增大而减小，其各自增大和减小的系数是一定的。通过试验推导出了钻针速率对微钻阻力值的调整公式，可以对不同设备参数条件下获取的检测值进行对比和换算。

（2）形成若干方法

现场检测的方法。归纳列举了目前常用的若干种无损检测技术的原理应用及其主要设备类型。通过试验的方法，验证筛选了六种主要无损检测设备（应力波、非金属超声波、X射线探伤、地质雷达、回弹仪、微钻阻力）对木材检测的适用性，在分析试验结果的基础上，总结确定了以应力波检测和微钻阻力检测为主导的木构件现场检测设备搭配。

试验推导的方法。利用将对清材试件的无损检测试验和传统力学性能试验相结合的方法，建立木材无损检测数据与其材质性能的关系，以期积累数据，应用于现场无损检测的推导。基于逆向模拟试验的思路，对旧木构件人工挖凿不同类型和面积的内部残损，并对其进行无损检测，找出应力波检测和微钻阻力检测对它的识别规律和精度，以期积累数据，应用于现场无损检测的推导。

数据分析的方法。对试验中得到的检测数据，除使用常规的线性回归法外，还尝试利用信息扩散模型基于微钻阻力数据对木材密度进行预测，利用马氏（Mahalanobis）距离判别模型基于应力波波速数据对内部残损面积进行判断。信息扩散模型可以避开隶属度函数的分别求取，通过综合挖掘微钻旋转阻力值和前进阻力值的数据规律，得出了二者的影响权重在0.2和0.8时，其对木材密度的预测最准确，这也从另一个侧面验证了线性回归模型中得出的木材密度与微钻前进阻力值拟合程度更好的结论。马氏距离判别模型可以通过对应力波波速衰减数据的分析整合，精确判别相对应的木材截面空洞的面积比例，对应力波软件默认生成的残损识别图像进行良好的修正。

（3）提高若干精度

对材质性能的预测精度。通过两条途径提升对构件材质性能的预测精度：①无损检测手段与传统力学试验手段相结合；②多种数据统计方法的运用。

对残损面积的判断精度。通过两条途径提升对构件内部残损面积的判断精度：①利用应力波检测初步识别、微钻阻力检测精确修正的检测设备搭配；②多种数据统计方法的运用。

（4）建立若干流程

提出了古建筑木构件现场检测勘查的工作流程，即遵循"前期准备工作—基础数据采集工作—外观缺陷勘查工作—内部残损检测工作"的顺序进行，并具体细化了详细操作内容和分析步骤，从而建立了明确的工作目标和统一的操作规程，以提高现场检测的工作效率。以天坛长廊为例详细介绍了操作流程的应用。

在操作流程建立的基础上，针对检测数据量繁杂和数据使用效率低的问题，开发架构了一套古建筑保护数字化信息平台系统，实现了古建筑信息数据（包括检测数据）的网络化应用，不仅提高了工作效率，而且使若干新技术的成果得到了系统化的综合应用。针对现场检测中所遇到的操作难题，研制发明了一种用于现场检测的微钻阻力仪支架装置。现场检测过程中，通过支架的配合使用，可有效降低检测误差、减轻人力操作疲劳、为检测设备和被测构件提供有效固定，并且针对不同构件的尺寸、形状、位置特点和检测需求，提供不同的形状搭配调节方案，以满足现场工作的适宜性需求。

基于上述所获之微薄成果，并加以肤浅思考，展望未来的相关工作，应是具有以下特点的：

保护技术应是经过充分验证的。木结构古建筑的保护工作是一项系统性工程，随着科技的发展，未来一定还会有许多新的检测技术和检测手段面世或改良。如何在充分贯彻保护原则的基础上，将这些技术和手段良好运用于保护工作中，使之与传统保护工艺有机地结合，更好地为保护工作提供支撑，是对保护工作者提出的新要求。在任何将新技术、新手段或新方法具体应用于古建筑本体的尝试之前，势必要做好试验室内的模拟推导工作，以验证其技术手段的可靠性与适宜性，避免对古建筑造成不可挽回的破坏。

保护工作应是多学科通力合作的。由于保护工作的复杂性以及木质材料的特殊性，对木结构古建筑的保护工作是需要多学科人员参与并运用多学科研究成果支撑的，包括建筑学、土木工程、木材学、考古学、统计学、管理学、仪器科学与工程等。例如在古建筑现场的构件检测工作中，就需要充分了解设备的技术原理和工作方式、被测木材的特性、结构构件的工作状态和构件保存的历史信息等多方面的知识，方能确定合理的检测勘查手段。任何没有学科群的支撑，而仅靠一己之力的武断推进，势必会造成资源的浪费和工作进程的滞后，严重时甚至会"好心促成坏事"，导致保护性破坏，得不偿失。因此，一个多学科交叉的保护团队工作模式，才符合多学科合作的工作规律和大方向，是未来保护工作可持续发展的必要前提。

参考文献

[1] 潘谷西.中国建筑史 [M].第5版.北京：中国建筑工业出版社，2004.

[2] Yin, W. D., Yamamoto, H., Yin, M. F., *et. al*. Estimating the volume of large-size wood parts in historical timber-frame building of China：case study of Imperial Palaces of Qing dynasty in Shenyang [J]. Journal of Asian Architecture and Building Engineering，2012，11（2）：321-326.

[3] 楼庆西.中国古建筑二十讲 [M].北京：生活·读书·新知三联书店，2001.

[4] 曹永康.我国文物古建筑保护的理论分析与实践控制研究 [D].浙江大学博士学位论文.2008.

[5] 张靖.乡土建筑遗产保护模式研究之一易地保护模式 [D].华中科技大学硕士学位论文.2006.

[6] 张帆.近代历史建筑保护修复技术与评价研究 [D].天津大学博士学位论文.2010.

[7] 梁思成.中国建筑史 [M].北京：生活·读书·新知三联书店，2011.

[8] 陈蔚.我国建筑遗产保护理论和方法研究 [D].重庆大学博士学位论文.2006.

[9] 叶扬.《中国文物估计保护准则》研究 [D].清华大学硕士学位论文.2005.

[10] Jukka, J. A History of Architectural Conservation [M]. Butterworth Heinemann, 2002.

[11] 肖金亮.中国历史建筑保护科学体系的建立与方法论研究 [D].清华大学博士学位论文.2009.

[12] 魏闽.历史建筑保护和修复的全过程——从柏林到上海 [M].南京：东南大学出版社，2011.

[13] 丁仕洪.木结构古建筑的安全检测与鉴定 [J].工程质量，2014，32（4）：22-25.

[14] Mariapaola, R., Roberto, T., and, Maurizio, P. Refurbishment of a traditional timber floor with a reversible technique：importance of the investigation campaign for design and control of the intervention [J]. International Journal of Architectural Heritage：Conservation, Analysis, and Restoration, 2014，8（1）：74-93.

[15] GB50165-1992古建筑木结构维护与加固技术规范 [S].

[16] 臧尔忠.为保护古建筑制定法规——记我国第一部古建筑维护加固规范的编制与实施 [C].中国紫禁城学会论文集（第二辑）：中国紫禁城学会，1997：326-334.

[17] 朱磊，张厚江，孙燕良等.古建筑木构件无损检测技术国内外研究现状 [J].林业机械与木工设备，2011，39（3）：24-27.

[18] 田兴玲，周霄，高峰.无损检测及分析技术在文物保护领域的应用 [J].无损检测，2008，30（3）：178-182.

[19] Khelifa, M, Celzard, A. Numerical analysis of flexural strengthening of timber beams reinforced with CFRP strips [J]. Composite Structures，2014，111：393-400.

[20] Nowak, T. P., Jasienko, J., Czepizak, D. Experimental tests and numerical analysis of historic bent timber elements reinforced with CFRP strips [J]. Construction and Building Materials，2013，40：197-206.

[21] 吴照华.碳纤维布加固古建筑木梁的性能研究 [D].西安建筑科技大学硕士学位论文.2007.

[22] 罗哲文.古建筑维修原则和新材料、新技术的应用——文物建筑保护、维修中的中国特色问题 [C].2005年文化遗产保护科技发展国际研讨会论文集，2005：3-12.

[23] 刘巧辰，孙启仁.沈阳故宫预防性保护技术初探 [J].沈阳建筑大学学报（社会科学版），2013，15（1）：33-37.

[24] 詹长法.预防性保护问题面面观 [J].国际博物馆，2009，61（3）：96-99.

[25] Holmberg, J., Burt, T. Preventive conservation methods for historic buildings：improving the climate by changes to the building envelope [M]. Helsinki：IIC Nordic Group, 2000.

[26] Santana, Q. M., Vileikis, O., Van, B. K., *et. al*. Preventive conservation of UNESCO World Heritage Sites：Petra Archaeological Park（Jordan）and Baalbek（Lebanon）at risk [C]. International Conference on Preventive Conservation of Architectural Heritage location：Nanjing, China, 2011. 90-95.

[27] 马炳坚.谈谈文物古建筑的保护修缮 [J].古建园林技术，2002（4）：58-64.

［28］ 吴美萍，朱光亚.建筑遗产的预防性保护研究初探［J］.建筑学报，2010（6）：37-39.

［29］ 贺欢.我国文物建筑保护修复方法与技术研究［D］.重庆大学硕士学位论文.2013.

［30］ 黎小容.台湾地区文物建筑保护技术与实务［M］.北京：清华大学出版社，2008.

［31］ Bernard M. F. . Conservation of Historic Buildings［M］，Architectural Press，1994.

［32］ 林源.中国建筑遗产保护基础理论研究［D］.西安建筑科技大学博士学位论文.2007.

［33］ 石雷，童乔慧，李百浩.欧洲建筑与城市遗产概念及其发展（一）——欧洲历史性建筑遗产［J］.华中建筑，2001（1）：80-81

［34］ 成帅.近代历史性建筑维护与维修的技术支撑［D］.天津大学博士学位论文.2011.

［35］ 汝军红.历史建筑保护导则与保护技术研究［D］.天津大学博士学位论文.2007.

［36］ 吴卉.古建筑、近代建筑、历史建筑和文物建筑析义探讨［J］.福建建筑，2008，123（9）：23-24.

［37］ 张帆.梁思成中国建筑史研究再探［D］.清华大学博士学位论文.2010.

［38］ 郝春荣.从中西木结构建筑发展看中国木结构建筑的前景［D］.清华大学硕士学位论文，2004.

［39］ Karlsen, E. Fire Protection of Norwegian Cultural Heritage［DB/OL］. http：//www. arcchip. cz/ w04/w04 _ karlsen. pdf, 2001/2015-07-05.

［40］ Ayala, D. , Wang hui. Conservation practice of chinese timber structures［J］. Journal of Architectural Conservation, 2006, 12（2）：7-26.

［41］ Cointe, A. , Castera, P. Morlier, P. , et. al. Diagnosis and monitoring of timber buildings of cultural heritage［J］. Structural Safety, 2007, 29（4）：337-348.

［42］ Grippa, M. R. Structural identification of ancient timber constructions by non-destructive techniques［D］. Ph. D. dissertation, Università degli studi di Napoli Federico II , 2009.

［43］ Holzera, S. M. , Kocka, B. Investigations into the Structural Behavior of German Baroque Timber Roofs［J］. International Journal of Architectural Heritage：Conservation, Analysis, and Restoration, 2009, 3（4）：316-338.

［44］ Aras, F. Timber-framed buildings and structural restoration of a historic timber pavilion in Turkey［J］. International Journal of Architectural Heritage：Conservation, Analysis, and Restoration, 2012, 7（4）：403-415.

［45］ Eskevik, A. H. The Stave Church as a medium for the intangible cultural heritage：How to implement and safe-guard the traditional handcraft through architectural conservation［D］. M. S. thesis, Stockholm University, 2014.

［46］ Debailleuxa, L. Indexing system for recognizing traditional timber-framed structures［J］. International Journal of Architectural Heritage：Conservation, Analysis, and Restoration, 2015, 9（5）：529-541.

［47］ Angel, F. N. , Paloma, M. , Pedro, B. , et. al. Software for storage and management of microclimatic data for preventive conservation of cultural heritage［J］. Sensors (Basel), 2013, 13（3）：2700-2718.

［48］ 陈民生.日本传统木构建筑保护与可持续利用［J］.建筑创作，2011（3）：142-170.

［49］ Hanazato, T. , Minowa, C. , et. al. Seismic and wind performance of five-storied pagoda of timber heritage structure［J］. Advanced Materials Research, 2010, 133-134：79-95.

［50］ Sato, H. , Fujita, K. Damage from earthquake disaster and evaluation on structural performance of traditional timber townhouse in Japan［J］. Disaster Mitigation of Cultural Heritage and Historic Cities , 2009（2）：71-76.

［51］ Watanabe, K. Prediction of evolution in time of dynamicbehavior of wood structures［C］. The 5th World Conference on Timber Engineering, 1998, 2：11-17.

［52］ 汪程成.借鉴日本对历史建筑的保护来探讨中国历史建筑的保护与利用［C］.建筑历史与理论第九辑（2008年学术研讨会论文选辑），2008：580-582.

［53］ 李铁英.应县木塔现状结构残损要点及机理分析［D］.太原理工大学博士学位论文.2004.

［54］ 王雪亮.历史建筑木结构基于可靠度理论的剩余寿命评估方法研究［D］.武汉理工大学博士学位论文.2008.

［55］ 张风亮.中国古建筑木结构加固及其性能研究［D］.西安建筑科技大学博士学位论文.2013.

［56］ 杨学春，王立海.木材应力波无损监测研究［M］.北京：科学出版社，2011.

［57］ Lee, I. D. Ultrasonic pulse velocity testing considered as a safety measure for timber structures［C］ . Proceedings of 2nd nondestructive testing of wood symposium, 1965：185 - 203.

[58] Hoyle，R J，Perllerin，R F. Stress wave inspection of a wood structure [C]. Proceedings of the Nondestructive Testing of Wood Symposium. 1978：33-45.

[59] Lanius，R. M.，Tichy，R.，Bulleit，W. M.. Strength of old wood joists [C]. Journal of the Structural Division：Proceedings，American Society of Civil Engineers，1981，107（ST12）：2349-2363.

[60] Ceraldi，C.，Mormone，V.，Ermolli，E. R. Resistographic inspection of ancient timber structures for the evaluation of mechanical characteristics [J]. Materials and Structures，2001，34（1）：59-64.

[61] Kandemir，Y. A.，Tavukcuoglu，A.，Caner，S. E.. In situ assessment of structural timber elements of a historic building by infrared thermography and ultrasonic velocity [J]. Infrared Physics & Technology，2006，49：243-248.

[62] Brian K. B.，Voichita，B.，Ferenc D.. Nondestructive testing and evaluation of wood：A worldwide research update [J]. Forest Products Journal，2009，59（3）：7-14.

[63] Palaia，L.，Monfor，L.，Sanchez，R.，et. al. Ancient timber structure analysis applying NDT and traditional methods of assessment [C]. RILEM Symposium on On Site Assessment of Concrete，Masonry and Timber Structures - SACoMaTiS 2008：RILEM Publications SARL，2008.

[64] Calderonia，C.，Matteisb，G. D.，Giubileoa，C.，et. al. Experimental correlations between destructive and non-destructive tests on ancient timber elements [J]. Engineering Structures，2010，32（2）：442-448.

[65] Ooka，Y.，Yasuzato，Y. et. al. Strength deterioration and nondestructive test of old wooden members in traditional structure [J]. Proc. of Urban Cultural Heritage Disaster Mitigation，2008，10（2）：133-140.

[66] Fujii，Y.，Fujiwara，Y. Evaluation of insect attack in wooden historic buildings using drill resistance method：a case study on Sanbutsu-do of Rinnohji temple [J]. Science for Conservation，2008，（48）：215-222.

[67] Saito，Y, Shida，S, Ohta，M.，et. al. Deterioration character of aged timbers：Insect damage and material aging of rafters in a historic building of Fukushoji-temple [J]. Journal of the Japan Wood Research Society，2008，54（5）：255-262.

[68] Fujita，K.，Shin，E.，et. al. Earthquake response monitoring and structural analysis of traditional japanese timber temple [J]. Advanced Materials Research，2013，778：823-828.

[69] 王晓欢. 古建筑旧木材材性变化及其无损检测研究 [D]. 内蒙古农业大学硕士学位论文. 2008.

[70] 段新芳，王平，周冠武等. 应力波技术在古建筑木构件腐朽探测中的应用 [J]. 木材工业，2007（02）：10-13.

[71] 段新芳，王平，周冠武等. 应力波技术检测古建筑木构件残余弹性模量的研究 [J]. 西北林学院学报，2007，22（1）：112-114.

[72] 冯海林，李光辉. 木材无损检测中的应力波传播建模与仿真 [J]. 系统仿真学报. 2009，21（8）：2373-2376.

[73] 陈勇平，李华，黎冬青等. 古建筑木材中应力波传播速度的影响因素 [J]. 木材工业. 2012，26（2）：37-40.

[74] 安源. 基于应力波的木材缺陷二维成像技术研究 [D]. 中国林业科学研究院博士学位论文. 2013.

[75] 赵鸿铁，薛建阳，隋䶮. 中国古建筑结构及其抗震——试验、理论及加固方法 [M]. 北京：科学出版社，2012.

[76] 徐苏斌. 日本对中国城市与建筑的研究 [M]. 北京：中国水利水电出版社，1999.

[77] 朱涛. 梁思成与他的时代 [M]. 桂林：广西师范大学出版社，2014.

[78] 高大峰. 中国木结构古建筑的结构及其抗震性能研究 [D]. 西安建筑科技大学博士学位论文，2007.

[79] 李坚. 木材科学 [M]. 第2版. 北京：高等教育出版社，2002.

[80] 周海宾，吕建雄，徐伟涛. 我国结构用木材标准体系构建 [J]. 木材工业，2012，26（3）：44-47.

[81] "故宫古建筑木构件树种配置模式研究"课题组. 故宫武英殿建筑群木构件树种及其配置研究 [J]. 故宫博物院院刊，2007，132（4）：6-27.

[82] 乔迅翔. 宋代官式建筑营造及其技术 [M]. 上海：同济大学出版社，2012.

[83] 王其钧. 中国建筑史 [M]. 北京：中国电力出版社，2012.

[84] 西安建筑科技大学等. 建筑材料 [M]. 第4版. 北京：中国建筑工业出版社，2013.

[85] 刘一星，赵广杰. 木材学 [M]. 北京：中国林业出版社，2012.

[86] 谢力生. 木结构材料与设计基础 [M]. 北京：科学出版社，2013.

[87] 李旋. 北京近现代建筑木屋架微生物劣化机理与修复技术评析 [D]. 北京工业大学硕士学位论文. 2013.

[88] 徐有明.木材学 [M].北京：中国林业出版社，2006.

[89] 刘志勇，贾福根，陈爱军等.土木工程材料 [M].成都：西南交通大学出版社，2014.

[90] 张建丽.应县木塔残损状态实录与分析 [D].太原理工大学硕士学位论文，2007.

[91] 魏德敏，李世温.应县木塔残损特征的分析研究 [J].华南理工大学学报（自然科学版），2002，30（11）：119-121.

[92] GB/T155-2006 原木缺陷 [S].

[93] 肖旻.广府地区古建筑残损特点与保护策略 [J].南方建筑，2012（1）：59-62.

[94] 淳庆，喻梦哲，潘建伍.宁波保国寺大殿残损分析及结构性能研究 [J].文物保护与考古科学，2013，25（2）：45-51.

[95] 李家伟，陈积懋.无损检测手册 [M].北京：机械工业出版社，2002.

[96] 唐继红.无损检测实验 [M].北京：机械工业出版社，2011.

[97] 中国机械工程学会无损检测学会.无损检测概论 [M].北京：机械工业出版社，1993.

[98] 杨学春.基于应力波原木内部腐朽检测理论及试验的研究 [D].东北林业大学博士学位论文，2004.

[99] 尚大军.无损检测评价技术在古建筑木构件维修中的应用研究 [D].西北农林科技大学硕士学位论文.2008.

[100] Wang，X.，Ross，R. J.，McClellan，M. et al.Nondestructive evaluation of standing trees with a stress wave method [J].Wood and Fiber Science，2001，33（4）：522-533.

[101] 张小海.射线检测 [M].北京：机械工业出版社，2013.

[102] 张晓芳，李华，刘秀英.木材阻力仪检测技术的应用 [J].木材工业，2007，21（2）：41.

[103] 李林.pilodyn 方法在活立木木材基本密度预测中应用 [D].河南农业大学硕士学位论文.2009.

[104] 黄荣凤，伍艳梅，李华等.古建筑旧木材腐朽状况皮罗钉检测结果的定量分析 [J].林业科技，2010，46（10）：114-118.

[105] 林文树，杨慧敏，王立海.超声波与应力波在木材内部缺陷检测中的对比研究 [D].林业科技，2005，30（2）：39-41.

[106] 孙燕良.基于微钻阻力的古建筑木材密度与力学性能检测研究 [D].北京林业大学硕士学位论文，2012.

[107] 张厚江，朱磊，孙燕良等.古建筑木构件材料主要力学性能检测方法研究 [J].北京林业大学学报，2011，33（5）：126-129.

[108] 朱磊，张厚江，孙燕良等.基于应力波和微钻阻力的古建筑木构件材料力学性能检测 [J].东北林业大学学报，2011，39（10）：81-83.

[109] Gwaze，D.，Stevenson，A.Genetic variation of wood density and its relationship with drill resistance in short leaf pine [J].Southern Journal of Applied Forestry，2008，32（3）：130-133.

[110] Lima，J. T.，Sartorio，R. C.，Trugilho，P. F.，et al.Use of the resistograph for eucalyptus wood basic density and perforation resistance esimative [J].Forest Sciences，2007，75：85-93.

[111] 吴福社，吴贻军，邵卓平.应力波仪和阻力仪用于雪松立木内部材性检测的研究 [J].安徽农业大学学报，2011，38（1）：127-130.

[112] GB/T1928-2009 木材物理力学试验方法总则 [S].

[113] 杨学春，王立海.木材应力波无损检测研究 [M].北京：科学出版社，2011.

[114] 张晓芳.阻力仪检测值影响因子分析及其在古建木构件勘查中的应用 [D].北京林业大学硕士学位论文，2007.

[115] Imposa，S.，Mele，G.，Corrao，M.，et al.Characterization of decay in the wooden roof of the S. agata church of ragusa ibla（southeastern sicily）by means of sonic tomography and resistograph penetration tests [J].Journal of Architectural Heritage：Conservation，Analysis，and Restoration，2014，8（2），213-223.

[116] 易咏梅，姜高明.柳杉木材密度测定研究 [J].林业科技，2003（5），28（3）：38-39.

[117] 徐明刚，邱洪兴.古建筑旧木材材料性能试验研究 [J].工程抗震与加固改造，2011，33（4）：53-55.

[118] 邹红玉，郑红平.木材弹性模量的测量与材料力学性能 [J].实验室研究与探索，2009，28（7）：33-35.

[119] Ross，J. R.，Brashaw，B. K.，Wang，X.，et al.Wood and timber condition assessment manual [M].Madison，USA：USDA Forest Products Society，2004.

[120] Isik，F.，Li，B.Rapid assessment of wood density of live trees using the resistograph for selection in tree im-

provement programs [J]. Canadian Journal of Forest Research，2003，33（12）：2426-2435.

[121] 朱再春，陈联裙，张锦水等.基于信息扩散和关键期遥感数据的冬小麦估产模型 [J].农业工程学报，2011，27（2）：187-193.

[122] 张于心，赵翠霞，马波涛等.基于信息扩散模型对城际铁路客流分担率的估计 [J].北方交通大学学报，2003，27（5）：51-54.

[123] 李波，马东辉，苏经宇等.基于信息扩散的强震地表破裂宽度预测 [J].应用基础与工程科学学报，2014，22（2）：294-304.

[124] 廖春晖，张厚江，黎冬青等.含水率对木材性能快速检测指标的影响 [J].江苏农业科学，2012，40（6）：280-282.

[125] GB/T50329-2012 木结构试验方法标准 [S].

[126] 张晋，王亚超，许清风.基于无损检测的超役黄杉和杉木构件的剩余强度分析 [J].中南大学学报，2011，42（12）：3864-3870.

[127] Yang，N.，Li，P.，Law，S.S.，et.al. Experimental research on mechanical properties of timber in ancient Tibetan building [J] . Journal of Materials in Civil Engineering，2012，24（6），635-643.

[128] Balayssac，J，P，Laurens，S，Breysse，D.，et.al. Evaluation of concrete properties by combining NDT methods [J]. Nondestructive Testing of Materials and Structures，2011，（6）：187-192.

[129] Halabe，U，B，Bidigalu，G，M，Ganga，Rao.et.al. Nondestructive evaluation of green wood using stress wave and transverse vibration techniques [J]. Materials Evaluation，1997，55（9）：1013-1018.

[130] Wang，X.P.，Ross，R.J.，Green，D.W.，et.al. Stress wave sorting of red maple logs for structural quality [J]. Wood Science and Technology，2004，37（6）：531-537.

[131] Feng，H.L.，Li，G.H.. Stress wave propagation modeling in wood non-destructive testing [C]. 2008 Asia Simulation Conference - 7th International Conference on System Simulation and Scientific Computing，2008：1441-1445.

[132] 杨学春，王立海.原木内部腐朽应力波二维图像的获取与分析 [J].林业科学，2007，43（11）：93-97.

[133] 徐华东，王立海，游祥飞等.应力波和超声波在立木无缺陷断面的传播速度 [J].林业科学，2011，47（4）：129-134.

[134] Sohn，H.Worden，K.，Farrar，C.R.. Statistical damage classification under changing environmental and operational conditions [J]. Journal of Intelligent Material Systems and Structures，2002，13（9），561-574.

[135] Taha，M.R.，Lucero，J. Damage identification for structural health monitoring using fuzzy pattern recognition [J]. Engineering Structures，2005，27（12）：1774-1783.

[136] Figueiredo，E.，Figueiras，J.，Park，G.，et.al. Influence of the autoregressive model order on damage detection [J]. Computer-Aided Civil and Infrastructure Engineering，2011，26（3）：225-238.

[137] Atsushi，I.，Akira，T. Delamination identification of CFRP structure by discriminant analysis using Mahalanobis distance [J]. Key Engineering Materials，2004：270-273，1859-1865.

[138] 骆志高，李旭东，赵俊丽等.利用马氏距离判别法准确实现对裂纹的识别 [J].振动与冲击，2013，32（21）：186-188.

[139] 宫凤强，李夕兵.距离判别分析法在岩体质量等级分类中的应用 [J].岩石力学与工程学报，2007，26（1）：190-194.

[140] 黄荣凤，王晓欢，李华等.古建筑木材内部腐朽状况阻力仪检测结果的定量分析 [J].北京林业大学学报，2007，29（6）：167-171.

[141] 安源，殷亚方，姜笑梅等.应力波和阻抗仪技术勘查木结构立柱腐朽分布 [J].建筑材料学报，2008，11（4）：457-463.

[142] Denise，M.J.，Peter，K.A.，Gregory，M.M.，et al. Predicting wood decay in eucalypts using an expert system and the iml-resistograph drill [J]. Arboriculture & Urban Forestry. 2007，33（2）：76 - 82.

[143] 周伟，李奇，李畅.利用激光扫描技术监测大型古建筑变形的研究 [J].测绘通报，2012，（4）：52-54.

[144] 李铁英，秦慧敏.应县木塔现状结构残损分析及修缮探讨 [J].工程力学，2005，22（S1）：199-212.

［145］ 朱宇华，吕舟，魏青.文物建筑工程灾后紧急响应工作初探——以"5.12"地震二王庙灾后抢险清理工程为例［J］.古建园林技术，2010，（4）：15-22.

［146］ 刘佳，申克常，于磊，等.木结构文物建筑结构检测技术要点探讨［J］.建筑结构，2013，43（S1）：811-814.

［147］ GB50300-2013 建筑工程施工质量验收统一标准［S］.

［148］ GB/T50344-2004 建筑结构检测技术标准［S］.

［149］ 陈蔚，胡斌.建筑遗产保护中的前期调查［J］.新建筑，2009（2）：36-41.

［150］ 汤羽扬，杜博怡，丁延辉.三维激光扫描数据在文物建筑保护中应用的探讨［J］.北京建筑工程学院学报，2011，27（4）：1-6.

［151］ 杨永.古建筑数字化保护关键技术研究［D］.河南大学硕士学位论文.2010.

［152］ 范张伟，邢昱.基于数字化技术的古建筑保护研究［J］.北京测绘，2010（3）：18-35.

［153］ 尚涛，孔黎明.古代建筑保护方法的数字化研究［J］.武汉大学学报（工学版），2006，39（1）：72-77.

［154］ 韩进，张德利，刘超.数字化在青岛历史建筑测绘保护中的应用［D］.山西建筑，2013，39（10）：218-220.

［155］ 李艳.海口市历史建筑数字化管理平台发展建议［D］.海南大学学报（自然科学版），2009，27（2）：173-175.

后　记

书稿搁笔，不觉已春芽萌动，万物复苏的时节总是令人期待和喜悦的。承蒙北方工业大学出版基金资助，将本人的博士学位论文整理成书，也算是了却了一桩小小的心愿。本书的研究是基于大建筑范畴的交叉学科领域而展开的，而对于建筑学专业出身的人，在面对大量的试验和数据时，更多的时候需要的是由设计的思维向试验推导的思维的转变，不同的思路，不同的方法，都会带来各般"阵痛"，个中滋味，不言而喻。回想走过的每一天，这里有试验成功的振奋，也有挑灯夜战的艰辛，有专业责任的坚定，也有不知所措的迷茫，所有的一切，都将是我未来人生道路上值得珍藏的宝贵财富。

首先要感谢的是我的博士阶段导师——北京工业大学建筑与艺术学院院长戴俭教授，戴老师宽厚的师者风范、严谨的治学态度和高屋建瓴的学术视野，犹如科研道路上的一盏指路明灯。从选题的确定，方案的安排，到最终撰写成稿，无不倾注着戴老的无数心血，这些都将是我一生所受用的。

感谢北京工业大学建筑与城市规划学院的杨昌鸣教授、苏经宇教授、钱威老师、李江老师、段智君老师、王威老师在我博士求学期间给予的无私指导和帮助。

感谢北京工业大学建筑与城市规划学院暨北京市历史建筑保护工程技术研究中心的刘科博士、常丽红博士、高春成博士以及马骏、杨蒙、赵超等同窗，共同进步的同时，也结下了深厚的友谊，怀念和你们并肩战斗的每一天。

感谢中国林业科学研究院木材工业研究所钟永助理研究员提供的优越的试验条件以及对试验方案设计和试验数据处理提出的宝贵建议和有益思路。

感谢北方工业大学建筑与艺术学院贾东教授、张勃教授对本书的整理出版工作提出的许多宝贵的有益见解。

感谢中国建筑工业出版社李成成编辑在本书出版的过程中提供的专业帮助，愉快的合作必定是造就精品的良好开端。

自觉才疏学浅，又是跨学科研究，故书中定会存在许多未尽之处，也望阅读本书的相关专家和同行能够不吝赐教，以资斧正。

彩图附录

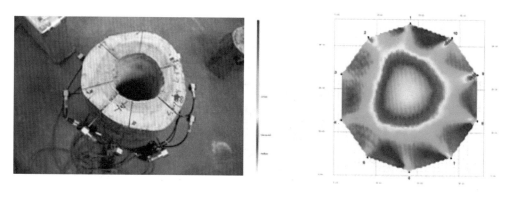

图 3-10　应力波检测结果

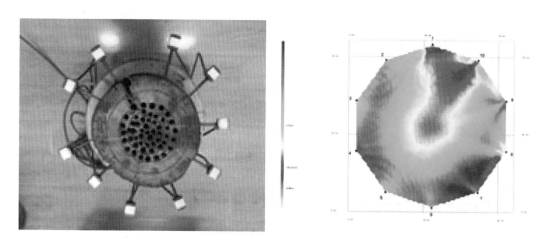

图 3-16　应力波对裂缝和腐朽的识别

图 5-1　典型旧木构件（山西地区）

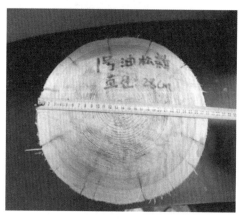

图 5-2　试验试件之一（硬木松）

完整　　　　　　　　　　　　　　　　　腐朽　　　　　空洞

图 5-3　应力波检测显示颜色图例

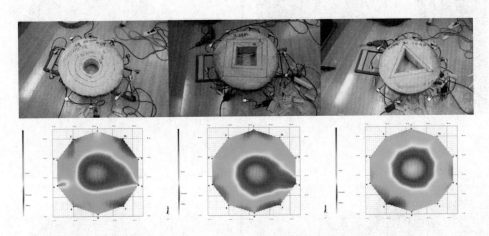

图 5-4　不同形状孔洞的应力波图像（冷杉）

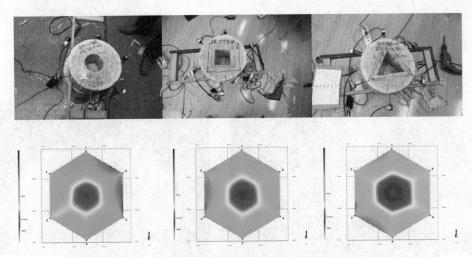

图 5-5　不同形状孔洞的应力波图像（硬木松）

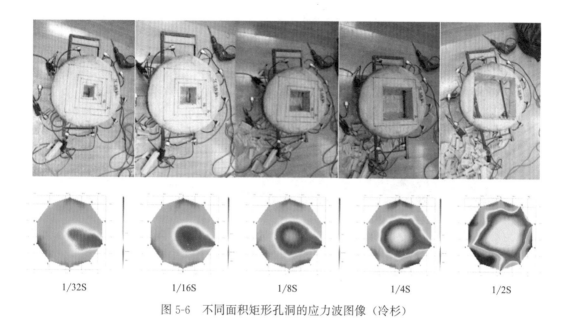

图 5-6 不同面积矩形孔洞的应力波图像（冷杉）

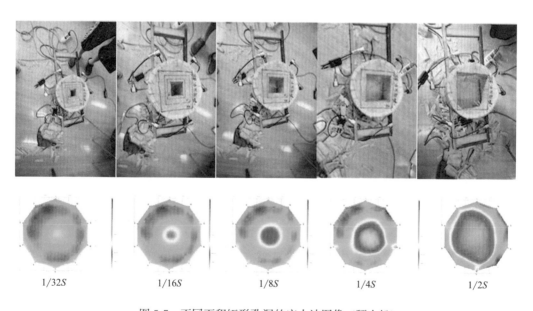

图 5-7 不同面积矩形孔洞的应力波图像（硬木松）

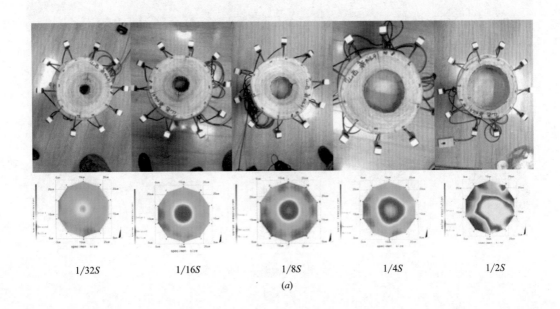

1/32S   1/16S   1/8S   1/4S   1/2S

(a)

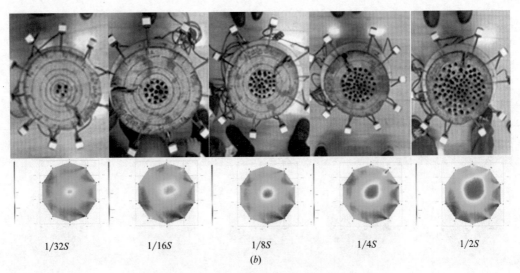

1/32S   1/16S   1/8S   1/4S   1/2S

(b)

图 5-8　不同残损形式的应力波图像

（a）模拟空洞；（b）模拟腐朽

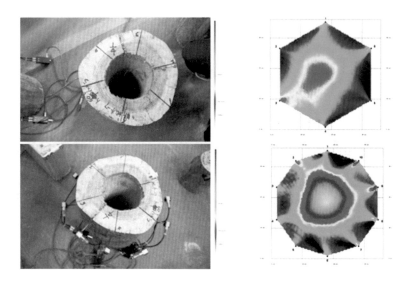

图 5-9　不同检测针数的应力波图像

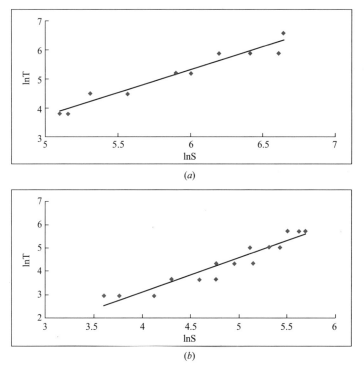

(a)

(b)

图 5-10　检测面积与实际面积线性关系

（a）冷杉；（b）硬木松

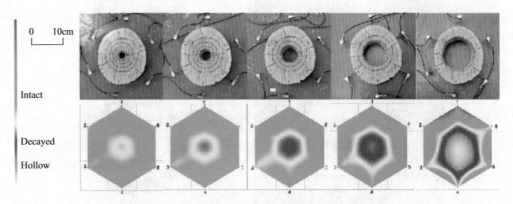

图 5-11　实际孔洞面积和应力波检测识别面积对比

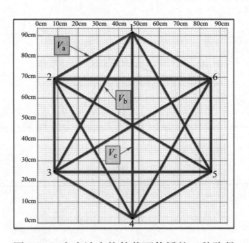

图 5-12　应力波在构件截面传播的三种路径

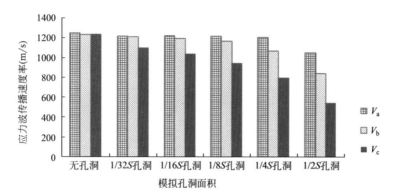

图 5-13　三种路径下应力波传播速率的衰减趋势

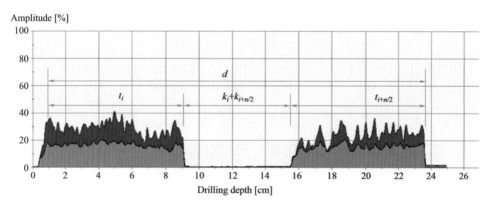

图 5-16　某检测路径的数据分布情况

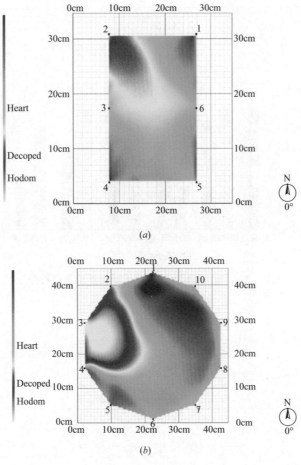

图 5-17　旧木构件的截面应力波图像

(a) JMGJ-1；(b) JMGJ-2

图 5-18　旧木构件截面的实际缺陷情况

(a) JMGJ-1；(b) JMGJ-2